ESSAI
SUR LE SYSTÈME GÉNÉRAL
DE
NAVIGATION INTÉRIEURE
DE LA FRANCE.

DE L'IMPRIMERIE DE LACHEVARDIERE,
RUE DU COLOMBIER, N° 30.

ESSAI

SUR LE SYSTÈME GÉNÉRAL

DE

NAVIGATION INTÉRIEURE

DE LA FRANCE,

PAR B. BRISSON,

INGÉNIEUR DIVISIONNAIRE DES PONTS ET CHAUSSÉES ;

SUIVI D'UN

ESSAI SUR L'ART DE PROJETER LES CANAUX

A POINT DE PARTAGE,

PAR MM. DUPUIS DE TORCY ET B. BRISSON,

INGÉNIEURS DES PONTS ET CHAUSSÉES,

ANCIENS ÉLÈVES DE L'ÉCOLE POLYTECHNIQUE.

A PARIS,

CHEZ CARILIAN-GŒURY, LIBRAIRE

DES CORPS ROYAUX DES PONTS ET CHAUSSÉES ET DES MINES,

QUAI DES AUGUSTINS, N° 41.

1829.

AVERTISSEMENT

DE L'ÉDITEUR.

M. Brisson allait, en 1828, faire imprimer son mémoire, achevé depuis long-temps.

L'*Essai sur le système général de canalisation en France* était achevé depuis plusieurs années, sauf les modifications dont un pareil ouvrage est toujours susceptible. Les considérations neuves et fécondes qui en font la base, et les nombreux résultats que M. Brisson avait réunis, ont servi à M. le directeur général des ponts et chaussées pour la formation du tableau joint au Mémoire de 1820 sur la navigation intérieure de la France (1). En 1827, M. Brisson présenta le présent Mémoire à l'Académie des sciences, qui l'honora de son approbation, sur le rapport de MM. de Prony, Lacroix et Ch. Dupin.

En août 1828, avant de partir pour le voyage où il a été subitement frappé, M. Brisson avait déjà pris quelques dispositions pour livrer son Mémoire à l'impression. Tous ceux qui savaient que les recherches de ce savant ingénieur s'étaient principalement dirigées vers les canaux, désiraient voir paraître un ouvrage, fruit des méditations d'une partie de la vie d'un homme qui, destiné par la nature à de hautes et profondes études, avait préféré des travaux d'une utilité immédiate.

Le vœu de l'Académie, les intentions de l'auteur et le désir général ont été remplis. M. Becquey, directeur général des ponts et chaussées, s'empressa d'engager madame Brisson à publier le Mémoire sur la canalisation. Cet administrateur a pris l'intérêt le plus vif, et une part, on peut le dire, personnelle à la publication de cet ouvrage, dont il sentait tout le prix.

On a joint ici un premier mémoire de MM. Dupuis de Torcy et Brisson, dont la théorie sert de base au présent ouvrage.

Les recherches exposées dans l'ouvrage de M. Brisson sont en général des applications de la théorie développée dans un Mémoire qu'il

---

(1) M. Dutems, inspecteur divisionnaire des ponts et chaussées, fut aussi consulté pour ce grand travail.

présenta en 1802 à l'Institut, avec son ami Dupuis de Torcy, et qui reçut l'approbation de cette société savante. Les principaux résultats de ce Mémoire pour le tracé des canaux sont succinctement rapportés au commencement de celui que l'on publie ici; mais comme il est utile et intéressant de suivre l'ordre des idées qui ont produit ces résultats, comme les vues purement géométriques qui forment le commencement de ce premier Mémoire conduisent aux principes généraux d'application pour le tracé des canaux à point de partage et des rigoles qui doivent les alimenter, on a cru indispensable de joindre à l'*Essai sur la navigation* la partie du Mémoire sur le tracé des canaux, insérée dans le quatorzième cahier du *Journal de l'École polytechnique* (1).

Analyse succincte de ce premier Mémoire, dont le but est de déterminer les points les plus bas des chaînes de montagnes à franchir par les canaux à point de partage.

Voici, pour les personnes auxquelles le langage technique de ce premier Mémoire serait peu familier, les idées principales qu'il contient pour la partie géométrique.

Son but est de fournir les moyens de déterminer, d'après l'étude des cartes topographiques, les points les plus bas des faîtes ou chaînes de montagnes que l'on a intention de franchir au moyen d'un canal qui, se composant de deux branches tracées sur deux revers opposés, s'appelle par ce motif *canal à point de partage*. On conçoit que le choix du point le plus bas procure deux avantages : 1° l'économie de dépense pour les constructions d'écluses, et de temps pour la navigation; 2° la facilité d'amener au point culminant du canal la quantité d'eau nécessaire à son alimentation. Il semblerait d'abord que l'étude détaillée des diverses hauteurs du faîte à franchir est le seul ou le meilleur moyen d'en reconnaître les points les plus bas; mais on s'apercevra

(1) Nous nous sommes procuré la totalité de ce Mémoire, qui n'a jamais été publié, bien que, sur le rapport de M. Lacroix, l'Institut ait décidé qu'il serait inséré dans les Mémoires des savants étrangers. Il contient d'abord des considérations d'économie publique appliquée aux projets de communications nouvelles, puis la partie physique du problème du tracé des canaux (c'est presque textuellement ce qui se trouve dans le *Journal de l'École polytechnique*, moins quelques améliorations apportées par M. Brisson), et enfin des recherches curieuses et nouvelles sur les limites de l'abaissement et de l'élévation des biefs, par le passage des bateaux. On a cru que la première et la dernière parties ne se rapprochent pas assez de l'objet du Mémoire sur la navigation intérieure pour y être jointes.

bientôt, surtout après quelque temps d'exercice du tracé des canaux, que, sur le terrain, la vue est trop resserrée pour embrasser à la fois le relief d'une grande étendue de pays, et que l'on risque de négliger les formes principales pour ne s'attacher qu'aux accidents secondaires de la contrée que l'on a sous les yeux (1).

La surface d'une contrée se compose de chaînes de montagnes séparées par des vallées. *Faîtes*, lignes les plus élevées des chaînes; *thalwegs*, lignes les plus basses des vallées.

Pour parvenir à connaître, au moins approximativement, la position et la forme des faîtes, on remarque d'abord que la surface d'une contrée se compose en général de chaînes de montagnes ayant deux versants opposés réunis pour une même chaîne par une ligne de *faîte*, sur laquelle les eaux se divisent pour couler, partie sur un versant, et partie sur l'autre; les versants de deux chaînes voisines ont pour limite commune une ligne placée au fond de la vallée, ligne que les auteurs du Mémoire nomment *thalweg* (2), et sur laquelle les eaux viennent de part et d'autre se réunir. L'une de ces chaînes pour la France est celle qui sépare la Garonne et la Loire, une autre est placée entre la Loire et la Seine, etc.

Ces chaînes et ces vallées sont de divers ordres.

Chacun des versants d'une chaîne est à son tour sillonné de cours d'eau qui séparent des chaînes secondaires venant s'embrancher sur la chaîne principale; les versants de ces chaînes secondaires ont des pentes nommées *latérales*, par rapport à celle sur laquelle ils sont placés. Elles-mêmes sont traversées, du *faîte* au *thalweg* qui les termine, par des chaînes et des vallées d'un ordre secondaire, dont les pentes, *latérales* par rapport à celles de l'ordre précédent, sont *directes* et *inverses*, par rapport à celles de l'ordre antérieur à celui-ci.

Application particulière faite aux canaux de dérivation.

Une première observation géométrique sur ces pentes *directes* et *inverses*, immédiatement applicable au tracé d'un canal dans une vallée, c'est que généralement la pente *directe* est plus longue et par conséquent sillonnée de cours d'eau plus nombreux et plus forts que l'autre. Exemple : la pente à gauche du Rhône est *directe*, et celle de droite

---

(1) Voyez la remarque de M. Brisson, page 66, sur le point de partage de la Moselle à la Saône.

(2) On entend ordinairement par *thalweg* la ligne navigable d'un cours d'eau; c'est généralement la partie la plus profonde de son lit. Ici on a étendu l'acception du mot de *thalweg* aux points les plus bas d'une vallée, soit qu'il y ait ou non navigation, ou même un cours d'eau.

est *inverse*, par rapport à la pente générale qui descend des Alpes vers l'Océan; on peut voir que les rivières de la rive gauche, l'Isère, la Durance, etc., sont plus abondantes et d'un cours plus étendu que l'Ardèche, le Gard, et les autres cours d'eau de la rive droite.

Les chaînes et vallées de divers ordres ont les pentes de leurs versants d'autant moindres qu'elles sont plus générales, plus étendues.

Revenons aux premières chaînes que nous avons prises pour exemples, celles qui séparent la Garonne et la Loire, la Loire et la Seine. Elles ne sont que secondaires par rapport à la grande chaîne placée entre l'Océan et la Méditerranée ; celle-ci elle-même et celles d'un ordre analogue sont inférieures relativement à d'autres chaînes plus générales ; et à mesure que l'on monte en suivant les ordres successifs de ces chaînes, on considère des ensembles ou systèmes de surfaces plus étendues, moins nombreuses, moins inclinées sur l'horizon, et se rapprochant de plus en plus de la surface qu'aurait l'extérieur du globe, s'il était entièrement entouré d'eau.

Recherche des points les plus bas des faîtes au moyen de lignes remarquables tracées sur les cartes.

Les *faîtes* de ces différents ordres de chaînes ont des sinuosités, et pour leur plan et pour leurs hauteurs; ils vont tantôt en montant, tantôt en descendant, avec une apparente irrégularité. De là des points plus bas dont la recherche pour les canaux est importante. La connaissance exacte, ou pour mieux me faire entendre, le relief de la surface réelle d'une contrée avec toutes les ondulations que forment les montagnes et les vallées, donnerait immédiatement ces points les plus bas. A défaut de ce relief du pays, les auteurs du Mémoire cherchent si certaines lignes remarquables tracées sur les cartes qui le représentent ne pourraient pas donner, sinon la hauteur absolue et par conséquent les pentes absolues des lignes de *faîte*, du moins le sens de ces pentes.

Courbes horizontales de la surface du sol non tracées.

Un système de lignes remarquables qui définirait en entier la surface d'une contrée, serait celui des courbes horizontales, déterminées par des surfaces parallèles au sphéroïde des mers; la ligne des côtes maritimes est une de ces courbes; et la mer les parcourrait toutes successivement, si elle venait à s'enfler et à s'élever jusqu'au sommet des montagnes les plus hautes.

Lignes de plus grande pente indiquées avec peu de précision, et seulement pour les parties des versants les plus déclives.

Un autre système de lignes également propres à représenter un pays, est celui des lignes de plus grande pente, que suivent les eaux pour se rendre d'un *faîte* à un *thalweg ;* elles sont toujours perpendiculaires aux précédentes. On indique plutôt qu'on ne trace ces lignes de plus grande pente sur les cartes topographiques, mais sans exactitude, et en se bornant aux portions des versants qui ont le plus de déclivité.

Des lignes encore plus remarquables que les courbes horizontales ou que les lignes de plus grande pente, sont les *faîtes* et les *thalwegs*. Elles ont une grande analogie avec les lignes de pente, puisqu'elles forment, d'une part, la séparation, de l'autre la réunion des eaux qui suivent ces dernières (1). Les lignes de *faîte* dont on aurait besoin ne sont point indiquées sur les cartes; mais les *thalwegs* sont tracés exactement, au moins jusqu'aux points où des cours d'eau les déterminent; et avec d'autant plus de précision, en descendant à des ordres de vallées d'autant plus bas, que les cartes sont sur une plus grande échelle.

Faîtes non indiqués; *thalwegs* tracés partout où il y a des cours d'eau.

On peut présumer approximativement la hauteur relative des différents points de ces *thalwegs*, d'après cette donnée bien connue; c'est que la pente d'un même cours d'eau diminue en s'éloignant de la source, et que, par suite, les cours d'eau secondaires ont généralement une pente plus forte que ceux sur lesquels ils s'embranchent.

On peut présumer avec approximation la pente relative des *thalwegs*.

La position des *thalwegs* étant ainsi fixée, exactement pour le plan, approximativement pour les hauteurs, il reste pour arriver jusqu'aux *faîtes* à connaître l'inclinaison des versants qui réunissent ces deux espèces de lignes. Or, cette inclinaison dépend surtout de la nature du terrain, et ne varie pour une même contrée qu'entre des limites peu étendues. On conçoit que ces données approximatives donnent des indications suffisantes sur la hauteur relative des divers points des faîtes placés à la jonction des versants.

La position et la pente des *thalwegs* permet de présumer approximativement celles des *faîtes*.

C'est dans le Mémoire même, modèle de raisonnements précis, serrés, bien enchaînés et présentés suivant tous leurs développements, qu'il faut voir les conséquences se déduire l'une de l'autre et donner naissance à des principes étendus et féconds. Nous nous bornerons ici aux principaux résultats qui servent surtout aux applications du Mémoire sur la canalisation.

Principaux résultats du Mémoire sur la détermination des points de partage.

---

(1) Les lignes de *faîte* ou de *thalweg* sont réciproques les unes des autres, et ne sont différenciées que par le sens de la gravité. Supposons la superficie d'un pays retourné sens dessus dessous, les *faîtes* deviendront *thalwegs*, les chaînes de montagnes deviendront vallées, et réciproquement. Ces nouvelles vallées ne différeront des anciennes qu'en ce que, n'ayant pas encore éprouvé l'action corrosive des eaux sur les parties saillantes, elles auront des différences relatives de profondeur plus grandes, des lacs plus fréquents et plus profonds que les anciennes.

Plusieurs sources qui divergent indiquent un point le plus haut du faîte.

Plusieurs cours d'eau divergent-ils en s'écartant en tous sens de leur source, comme l'Allier, la Loire, la Dordogne, le Lot? un point du *faîte* placé entre les sources de ces divers cours d'eau est *maximum absolu*, c'est-à-dire qu'en supposant que la mer déborde et s'élève, ce point serait submergé le dernier de tous ceux des pays que parcourent les eaux partant de ce point.

Deux rivières coulant sur deux versants opposés, parallèlement, dans le même sens, et à peu de distance, indiquent un point le plus bas du faîte, vers l'endroit où elles s'éloignent l'une de l'autre pour couler dans des sens opposés.

Deux cours d'eau placés l'un sur le versant d'une chaîne et l'autre sur le versant opposé coulent dans leur partie inférieure suivant des directions entièrement opposées; mais en remontant, ces cours d'eau, lorsque leur distance est peu considérable, s'infléchissent tous deux pour couler dans le même sens, et parallèlement: (l'Aude et la Garonne offrent en grand cette disposition remarquable); on peut alors être certain que le *faîte* qui les sépare dans la partie supérieure de leurs cours, a une pente générale dans le même sens que ces branches parallèles des cours d'eau, et qu'à l'extrémité inférieure de ces branches correspond un point de *maximum* et de *minimum relatif* du *faîte; maximum* relativement aux vallées opposées, *minimum* pour les portions du faîte placées jusqu'à une distance considérable de ce point. Pour donner une idée bien nette de cette disposition, supposons encore que la mer s'enfle, elle pénétrera de chaque côté par les vallées opposées, et se réunira au point de *maximum* et de *minimum relatif*, passé lequel elle continuera en s'élevant à mouiller de part et d'autre la ligne de *faîte*.

Il en est de même de deux rivières coulant sur deux versants opposés, parallèlement, à peu de distance et en sens inverse.

Une autre disposition relative des cours d'eau qui indique aussi un point *minimum* du faîte, est celle de deux rivières placées sur les deux versants d'une même chaîne, et coulant parallèlement, à peu de distance et en sens inverse.

Pour se faire une idée nette de ce cas, moins facile à saisir de suite que les précédents, supposons deux lignes égales et parallèles A B et B′ A′, telles que A corresponde à B′ et B à A′; que les extrémités opposées A et A′ soient les plus élevées et à même hauteur, et que de même les points B et B′ soient les plus bas et tous deux à une hauteur égale. Prenons ces droites dont la pente est uniforme pour deux *thalwegs*, et remplaçons par des plans ayant de part et d'autre une inclinaison égale, les versants placés entre ces deux *thalwegs;* désignons par C et C′ la partie du *faîte* correspondant aux deux droites A B et B′ A′, et dirigée dans le même sens; tout est absolument symétrique et égal d'une part entre les points A, C et B', et de l'autre pour ceux A', C' et B. Il en résulte que C et C' sont à la même hauteur, et que le *faîte* C C' est horizontal.

Passons de ces formes purement géométriques à ce qui a lieu réellement : les cours d'eau ont une pente plus forte vers leur origine, et plus faible en descendant ; ainsi le *thalweg*, passant par les points A et B, aura en son milieu ses points placés plus bas que ceux de la ligne uniformément inclinée A B ; il en sera de même de A' B'. Par l'abaissement du milieu de ces deux lignes, l'espèce de toit à deux revers qui s'appuyait sur elles, s'affaissera dans son milieu, et le *faîte* C C', au lieu d'être horizontal, aura entre ses deux extrémités un point plus bas que les autres ; c'est ce résultat que nous désirions mettre en évidence. Remarquons qu'en substituant des plans à la surface réelle des versants, ou pour mieux dire, en supposant la pente entre le *faîte* et chaque *thalweg* uniformément répartie, nous n'avons rien changé au résultat, dont l'intelligence est devenue seulement par là plus facile.

Si les cours d'eau coulant en sens inverse et à peu près parallèlement, se rapprochent dans leur milieu, cette circonstance, ajoutée aux précédentes, rend plus probable l'abaissement du *faîte*.

C'est un point de cette espèce que franchissent les chemins de fer qui doivent, en passant par Saint-Étienne, joindre Andrezieux et Lyon : la Loire, entre le Puy et Digoin, coule parallèlement, à peu de distance et en sens inverse de la direction que suivent la Saône et le Rhône, dont elle se rapproche le plus vers Saint-Étienne.

Voir dans le Mémoire les conséquences des principes précédents pour l'alimentation des points de partage.

Nous ne pouvons encore que renvoyer au Mémoire pour les conséquences exactes et fécondes que les auteurs tirent des pentes de moins en moins inclinées des *faîtes*, des *thalwegs*, et des revers de différents ordres, pour l'alimentation des points de partage (1). Il nous suffit d'avoir donné, du premier travail sur le tracé des canaux, une idée succincte et rigoureusement suffisante aux personnes qui désireront seulement comprendre sommairement les bases du Mémoire sur la canalisation.

---

(1) Voyez surtout ce qui est relatif au faîte entre la Seine et la Loire, Mémoire sur la canalisation, page 17.

C'est sur des cartes qu'il convient d'étudier la forme générale des chaînes de montagnes, avant de niveler les passages ainsi indiqués.

On conçoit, d'après ce qui précède, que c'est sur des cartes générales qu'il convient d'étudier la forme principale d'une contrée dont les détails, de plus en plus circonstanciés, apparaîtront successivement en parcourant des plans topographiques contenant plus de cours d'eau; mais on n'aura encore ainsi que les formes relatives du terrain, le sens des pentes, et non leurs mesures absolues. Les nivellements détaillés sur les cours d'eau, et sur les passages indiqués par l'étude précédente, peuvent seuls déterminer la valeur précise des pentes, ainsi que les hauteurs absolues des points qu'il importe de connaître. Mais cet examen des cartes, fait antérieurement, prévient tout essai superflu sur le terrain (1), et même toute erreur résultant d'une inspection trop peu étendue de la chaîne que l'on étudie.

Le Mémoire sur la canalisation donne le tracé fait sur les cartes de Cassini, et d'après les considérations précédentes, pour les canaux de première et de deuxième classe, sur toute la France.

C'est l'étude préliminaire sur les cartes détaillées (celles de Cassini, dont l'échelle est, comme on sait, $\frac{1}{86400}$), que M. Brisson a faite dans son Mémoire sur la Canalisation pour toute l'étendue de la France; 1° pour les canaux de première classe, ou ceux qui doivent réunir Paris aux principales villes de France, et celles-ci entre elles; 2° pour les canaux de deuxième classe ou de petite navigation destinés à des bateaux de longueur et de largeur moitié moindres et devant réunir des points peu éloignés. M. Brisson indique encore, mais comme pouvant être étudiés seulement d'après les besoins et les circonstances topographiques individuels aux localités, des canaux de troisième classe plus courts, et de dimensions moindres encore que les précédents. Il présume, au reste, qu'à ces derniers canaux, et même à plusieurs de ceux de deuxième classe, on pourrait souvent avec avantage substi-

(1) Voyez le Mémoire sur la canalisation, page 66, et en outre les faits relatifs dans la notice ci-après imprimée (Hommage des élèves), concernant: 1° le canal de l'Ohio à la Chesapeake; 2° celui de Paris à Strasbourg, pour le col de la Sarre au Rhin; 3° le chemin de fer de Saint-Étienne à Lyon, pour le choix du seuil le plus bas entre le Furens et le Gier. L'indication générale de l'abaissement de ce dernier faîte avait été donnée par Lalande, dans son ouvrage sur les canaux. Mais parmi les cols entre lesquels on pouvait opter, M. Brisson indiqua celui du Sorbier comme le plus bas. Des nivellements dont il n'avait pas connaissance avaient déterminé la hauteur de ce col comme moindre de 22 mètres que celle du col de Terrenoire, plus voisin de Saint-Étienne.

tuer des *chemins de fer*, tels que celui qui, dans peu d'années, sera en pleine activité par Saint-Étienne, entre la Loire à Andrezieux, et le Rhône à Givors et ensuite à Lyon (1).

Les indications générales qui font l'objet du Mémoire sur la Canalisation de la France, n'ont pour but (nous citons ici des phrases du Mémoire) que *de désigner à l'examen des ingénieurs les études des canaux à entreprendre; ce n'est*, ajoute M. Brisson, *qu'une première esquisse, un recueil d'indications à vérifier.* Cette vérification pour les communications secondaires pouvait être, dans son opinion, plus ou moins éloignée; *mais il n'en est pas moins convenable*, ajoute-t-il, *d'en faire mention pour se rendre d'avance complètement compte de l'ensemble du système, ainsi que dans le projet d'une vaste construction on ne néglige pas de présenter d'abord le tracé des dépendances dont l'exécution doit rester quelque temps ajournée.*

Il n'est, dans l'opinion de M. Brisson, qu'un recueil d'indications à vérifier.

Il ne se flatte pas, au reste, d'avoir tout indiqué; *il est probable* (extrait du Mémoire sur la Canalisation) *que des communications de second ordre, utiles et possibles, m'ont échappé. On sent qu'un ouvrage d'un genre tel que celui que j'ai entrepris ne peut être, au premier abord, que très imparfait: j'ouvre une carrière dans laquelle les concurrents qui se présenteront partiront toujours du point où se seront arrêtés leurs devanciers; en supposant que j'y marche d'un pas ferme, je n'en puis parcourir qu'une partie, et c'est au dernier qui y descendra qu'il est réservé d'en atteindre le terme.*

Il peut n'être pas complet.

On a cité ce qui précède pour faire bien remarquer l'opinion qu'un homme aussi supérieur par son jugement et par sa modestie portait de son propre ouvrage.

On a dit plus haut que ce Mémoire était fait il y a fort long-temps; on conçoit qu'un pareil travail est de nature à être sans cesse modifié et augmenté. M. Brisson a perfectionné plusieurs parties de l'ensemble général des canaux qu'il avait esquissés, d'après les nombreux rensei-

Il a été perfectionné d'après les rapports, les missions et les projets dont M. Brisson a été chargé.

---

(1) Il faut remarquer que le tracé des chemins de fer d'un versant à l'autre, est déterminé de même que celui des canaux à point de partage, par les considérations exposées ci-dessus, et que les chemins de fer ont le double avantage de pouvoir franchir plus facilement que les canaux de grandes hauteurs de chute, et de ne point exiger d'eau pour le point culminant.

gnements que lui procuraient ses relations étendues et variées : il a ainsi profité de l'examen qu'il faisait des projets de toute la France, comme membre de la commission des canaux et secrétaire général du conseil des ponts et chaussées; des rapports particuliers et des missions (1) dont il était chargé pour des affaires importantes ; et enfin des projets qu'il fut appelé à rédiger. C'est ainsi que l'administration le chargea des études d'un canal de Paris à Tours et à Nantes, et qu'une compagnie lui demanda un avant-projet de canal entre Paris et Strasbourg.

Comparaison pour le canal de Paris au Rhin, de l'esquisse première et de l'étude détaillée.

Je vais m'arrêter sur cette dernière communication, pour laquelle il est intéressant de comparer la première esquisse faite par M. Brisson, avec l'aide de cartes seulement, et l'étude détaillée du même ingénieur, au moyen de données exactes et de l'examen attentif des localités. D'après la minute du Mémoire que j'ai entre les mains, le tracé passe par les mêmes cours d'eau principaux et secondaires que le tracé définitif, dont il ne diffère que pour un très petit nombre de modifications peu importantes; les points de partage sont les mêmes, remarquons surtout celui de Homarting, que M. Brisson trouva par les principes qu'il avait posés, et que nous avons rapportés ci-dessus, devoir être le col le plus bas entre la Sarre et le Rhin (*voyez* la note de la page 13). Les deux fleuves, la Seine et le Rhin, qu'il s'agit de réunir, étant séparés par trois vallées, 1° de la Meuse; 2° de la Moselle et de la Meurthe; 3° de la Sarre; il semblait nécessaire, pour franchir les quatre chaînes qui séparent les vallées extrêmes, d'avoir quatre points de partage. Déjà, dans la première esquisse, ces points culminants sont réduits à trois, celui de la Meuse à la Moselle ayant été supprimé, au moyen d'un tracé ingénieusement disposé. Dans l'étude définitive, M. Brisson est parvenu à établir le canal de niveau entre la Moselle et le Rhin, de manière à n'avoir ainsi entre ce fleuve et la Seine que deux points de partage. Il

1° Sous le rapport du tracé et des points de partage.

---

(1) L'un des rapports les plus importants qu'il eut à faire est celui sur les projets rédigés pour le canal maritime de Paris au Havre; il avait obtenu ce résultat remarquable et avantageux : celui de prouver que l'on peut établir ce canal entièrement sur la rive droite, en évitant tout passage de rivière autre que celui de l'Oise. C'est dans une mission aux canaux de la Loire, du Berry et du Nivernais, que, négligeant trop le soin de sa santé, il a été subitement emporté.

n'est pas besoin de dire quel avantage il en résulte, 1° pour la moindre élévation des fardeaux à transporter; 2° pour la facilité plus grande d'amener des eaux aux points culminants.

2° Sous celui de l'économie de temps et d'argent qu'apporte la première esquisse aux études définitives.

Si l'on voulait avoir une sorte de mesure de l'avantage que procurent des études préliminaires pour la rédaction prompte et économique des projets détaillés, on la trouverait dans le résultat suivant : le projet général de Paris au Rhin, dont la longueur est de cent trente lieues, a été complètement étudié en 1826, dans l'espace de cinq mois; la somme dépensée par M. Brisson n'est que de 50 et quelques 1,000 fr., y compris frais de voyage et honoraires d'ingénieurs, quelques sondes et des bornes-repères plantées sur une partie de la ligne; d'autres frais beaucoup moins considérables ont en outre été faits pour des études partielles antérieures, des sondes assez dispendieuses faites par les soins des concessionnaires, et pour recherche des produits présumés; de sorte que, comme l'avance M. Brisson (note de la page 129), la somme totale employée pour établir la possibilité, la dépense et l'utilité du projet, s'est peu écartée du millième de cette dépense.

3° Sous celui des évaluations de dépenses faites sommairement ou avec plus d'exactitude.

Désire-t-on comparer l'estimation des dépenses dans l'esquisse première, et leur évaluation détaillée dans le projet étudié? Le premier travail ne comprenait que le canal à ouvrir entre Épernay et Strasbourg, sur quatre-vingt-douze lieues, et portait pour cette longueur la dépense à 53,249,000 fr.; si dans le projet détaillé on considère seulement la même portion de canal, la dépense est évaluée à 51,500,000 fr.

Évaluation générale des canaux proposés faite d'après la dépense réelle des trois canaux du Midi, du Centre et de Saint-Quentin.

La comparaison que l'on vient de faire contribuera, avec la lecture attentive des remarques de M. Brisson sur le mode d'évaluation qu'il a adopté (page 117), à convaincre que pour une estimation générale ce mode était le plus approximatif et le plus exempt de fortes erreurs. Il est basé sur la dépense réellement faite et rapportée à la valeur actuelle de l'argent pour les trois plus grands canaux de France: le canal du Midi et ceux du Charolais et de Saint-Quentin; cette dépense réelle, comme le remarque M. Brisson, comprend les accidents et frais imprévus, lesquels, suivant une forte probabilité, entrent en même proportion dans les grands travaux d'espèce semblable, et que ne peut embrasser une estimation *à priori*, même faite avec soin.

Voici les résultats de ce relevé de dépenses divisées suivant la nature des divers objets, et appliquées avec les modifications convenables aux canaux de deuxième classe :

	KILOMÈTRE DE LONGUEUR de		MÈTRE de hauteur d'écluse.	KILOMÈTRE DE LONGUEUR de	
	canal à ciel ouvert.	souterrain.		rigole à ciel ouvert.	souterrain.
Première classe. .	90,000 f.	500,000 à 1,000,000 f.	24,000 f.	18,000 f.	80,000 à 150,000 f.
Deuxième classe. .	57,000	250,000 à 400,000	15,000 ou si l'on fait les écluses aussi longues que dans la première classe : 22,000	*Id.*	*Id.*

Il ne faut pas perdre de vue qu'une estimation fondée sur des prix moyens est plus exacte, appliquée à un vaste ensemble de canaux, que si elle se bornait à un seul canal pris isolément. On remarquera pour les canaux de deuxième classe, que si les estimations de M. Brisson diffèrent des évalutions déjà présentées pour quelques uns d'entre eux, c'est qu'il a adopté des dimensions moindres que celles qui avaient servi de base aux projets antérieurs.

Résultats généraux de l'évaluation présentée dans le Mémoire.

Voici les résultats généraux relatifs aux canaux proposés par M. Brisson, 1° pour la longueur; 2° pour la hauteur des chutes; 3° pour la dépense, en y comprenant l'intérêt des capitaux employés, d'après la supposition que l'un de ces canaux demandera moyennement six années pour son exécution :

INDICATION DES CANAUX.	LONGUEUR en lieues de 4000 mètres		NOMBRE d'écluses de $2^m,60$ de chute.	DÉPENSE TOTALE, y compris les intérêts des fonds employés.
	de canal à ciel ouvert.	de souterrain.		
Canaux de première classe.	556	9 ½	939	396,000,000 f.
Canaux de deuxième classe.	2007	40 ½	5007	888,000,000
TOTAUX. . .	2563	50	5946	1,284,000,000

On ajoutera, quant à l'exactitude de l'évaluation, que le seul élément non mesuré exactement (la hauteur des chutes), ne contribue que pour ¼ du total.

Comparaison des communications existantes en France et en Angleterre.

On sait qu'il y a maintenant en France 200 et quelques lieues de canaux exécutés, et 250 à 300 lieues de canaux commencés; 38 lieues de chemins de fer achevés ou en exécution (1), 8,000 lieues de routes royales, et 7,000 de routes départementales. L'Angleterre, dont la surface n'est que de ⅖ de celle de la France, présente 9,800 lieues de routes à barrière; une grande quantité de rivières rendues navigables, 1,200 à 1,500 lieues de canaux intérieurs, et plus de 100 lieues de chemins de fer; sans parler de la facilité que donnent les transports par mer aux communications entre les côtes.

Moyens de pourvoir à la dépense ci-dessus. L'État doit y contribuer.

M. Brisson a, dans la fin de son Mémoire, jeté quelques vues sur le mode et l'étendue de la part contributive que devrait payer le gouvernement pour aider des capitalistes à créer les 2,600 lieues de canaux, dont le cours naturel des eaux lui a fait voir la possibilité; cette contribution est motivée : quant au gouvernement, 1° par l'augmentation des impôts et des droits que doit donner l'extension de l'industrie et de l'agriculture; 2° par la diminution de frais d'entretien des communications existantes; quant aux compagnies concessionnaires, en ce que

(1) De Saint-Étienne à Andrezieux, 5 lieues, achevé; de Saint-Étienne à Lyon, 14 lieues, exécuté à moitié; d'Andrezieux à Roanne, 19 lieues, adjugé.

ce n'est qu'au bout d'un certain temps que les canaux, après avoir augmenté la richesse des pays qu'ils traversent, peuvent produire un revenu égal à l'intérêt des dépenses faites.

De quelle manière.

Voici le mode que propose M. Brisson, pour que la confection et la mise en circulation des canaux soient réellement assurées par les secours du gouvernement. Celui-ci ne contribuerait qu'après l'achèvement d'un canal, lorsqu'il serait ouvert à la navigation, et par une somme annuelle calculée sur le nombre de jours pendant lesquels la navigation aurait été libre.

Quotité et durée de la part à payer par l'État ne peuvent être fixées que par de nombreuses données statistiques prises au moment de l'exécution.

M. Brisson observe que la quotité et la durée de ces secours, différentes d'un canal à l'autre, ne pourraient être déterminées que par des données statistiques très étendues, dont la réunion est étrangère à l'objet spécial de ses recherches; il ajoute que ces données, fussent-elles connues pour le moment présent, varieront avec l'accroissement de l'industrie et du commerce dans une proportion qu'il est impossible de prévoir exactement.

On a fait cependant des hypothèses au hasard sur cette quotité et cette durée, pour donner une idée des efforts à faire par le gouvernement.

Il désire cependant donner une idée des sacrifices qu'aurait à s'imposer le gouvernement, et pour cela il pose des chiffres au hasard: 1° pour la quotité de la part du gouvernement, qu'il suppose être moyennement $\frac{1}{6}$ de la dépense totale; 2° pour le nombre d'années pendant lesquelles ces secours devraient être répartis; il admet le nombre 25 comme moyen pour tous les canaux.

Soixante ans, durée de l'exécution de tous ces canaux.

Il fixe ensuite à soixante la durée entière de l'exécution de toutes ces communications, afin de ne pas trop éloigner la jouissance des avantages qu'elles doivent procurer, et d'éviter en même temps l'augmentation des prix de main d'œuvre qu'amènerait l'exécution simultanée d'un grand nombre de travaux.

D'après les données précédentes, le supplément de revenu à payer par l'Etat, pendant vingt-cinq ans, pour chaque canal, serait moyennement, 1 $\frac{1}{5}$ pour $\frac{0}{0}$ des dépenses faites. Sa durée pour tous les canaux serait de soixante-dix-neuf ans, et son maximum de 7 millions pendant les trente-une années du milieu de cet intervalle.

Tenant enfin compte de l'éloignement des termes auxquels seraient faits pour chacune des entreprises les vingt-cinq paiements annuels du gouvernement, afin qu'ils fussent équivalents à $\frac{1}{6}$ des frais de construction, payé immédiatement après l'achèvement, il arrive au résultat suivant : la part contributive de l'État ne commencerait qu'après les six premières années, et serait de 276,074 fr., pour les canaux alors achevés dont la dépense serait 23,345,455 fr. (ce serait comme on voit environ 1 $\frac{1}{5}$ pour 100). La deuxième année, le secours serait double, ainsi que la dépense faite pour les canaux alors ouverts à la navigation:

la troisième, ce secours et cette dépense tripleraient; ils seraient ainsi l'un avec l'autre, pour chaque canal, et pendant vingt-cinq années, dans le rapport de $1 \frac{1}{5}$ à 100. En continuant de la même manière (1), on verrait que la part à payer par l'État s'accroîtrait progressivement pendant vingt-cinq ans, serait au maximum et constante pendant vingt-neuf ans (sa valeur serait alors d'environ 7 millions); elle décroîtrait pendant les vingt-cinq années suivantes, au bout desquelles elle s'éteindrait. Le résultat précédent suppose que la contribution du gouvernement serait proportionnelle pour tous les canaux, ce qui n'est pas exact, mais on obtient ainsi une mesure approximative des avances à faire par l'Etat.

On peut voir, par cette esquisse rapide et imparfaite, quel intérêt doit présenter aux administrateurs, aux ingénieurs, aux capitalistes, le Mémoire sur la Canalisation, vaste répertoire offert à leurs recherches et à leurs méditations. Chaque ingénieur s'aidera dans la localité pour laquelle il étudiera les détails d'une communication, des indications particulières dues à un homme qu'un long exercice et un amour ardent de son art, joints à des facultés extraordinaires, avaient doué d'un coup d'œil prompt et sûr; il trouvera, dans les parties du Mémoire relatives à d'autres provinces, ainsi que dans l'essai sur le tracé des canaux, des préceptes généraux, des vues neuves, des solutions simples ou remarquables (2), qu'il pourra appliquer ailleurs. Les négociants, les capitalistes, les administrateurs, mieux instruits des communications que permet de former la topographie du sol de la France, combineront avec ces données, modifieront peut-être les rapports commerciaux par les ressources encore inconnues qu'elles ouvriront.

Le Mémoire sur la Canalisation de la France, vaste recueil d'indications utiles, aux ingénieurs, aux capitalistes, aux administrateurs.

(1) Voyez la note 3, page 160.

(2) Voyez p. 11 et suiv. le tracé au moyen duquel on réduit à deux le nombre des points de passage entre Paris et Strasbourg; page 48, la jonction de l'Oise, de la Sambre et de l'Escaut par un bief de partage à trois branches; p. 19, 28 et 75, pareilles conceptions pour la réunion de la Seine, du Loir et de l'Eure, de la Dordogne, de l'Allier et de la Creuse. Voyez aussi, p. 91, la formation d'immenses endigages dans la baie du Mont-Saint-Michel, présentée comme intimement liée avec l'ouverture de canaux latéraux à la mer; p. 37, la nécessité et en même temps la facilité des souterrains dans les contrées de formation crayeuse.

Les provinces voisines pourront se réunir pour créer des communications qui les enrichiront mutuellement. Cette association, cette combinaison réciproque d'intérêts et de services entre provinces voisines, et ensuite entre nations, suivra, dans la marche progressive de la civilisation, celles que forment, dans la situation présente, de simples particuliers. Des projets d'ensemble, tels que les présente le Mémoire sur la Canalisation de la France, font avancer vers cet état futur de la société perfectionnée.

Regrets universels excités par la perte prématurée de M. Brisson.

Quels regrets déchirans et profonds n'excite pas la perte subite et inopinée d'un homme qui avait déjà tant fait et qui pouvait encore faire de si grandes choses! Doué d'un esprit prompt et étendu, d'un jugement droit et ferme, d'une mémoire où il classait, dans un ordre parfait et d'après leurs rapports utiles, ses nombreuses observations, peu d'ingénieurs ont réuni au même degré que lui la connaissance de la théorie et l'expérience de la pratique. Combien on doit déplorer que les travaux importants dont il a été constamment chargé dans le cours d'une carrière de trente années, ne lui aient pas permis de publier, comme il en avait l'intention, les résultats de ses longues études et de sa vaste expérience!

M. le directeur général, le corps entier des ingénieurs, les élèves des ponts et chaussées, ont vivement senti la perte que font la France et la société tout entière. Des hommages touchants ont été rendus à la mémoire de M. Brisson par M. le directeur général, dans une lettre écrite au conseil général des ponts et chaussées, le 14 octobre 1828, et par le conseil lui-même, qui a arrêté que cette lettre, ainsi qu'une notice nécrologique insérée au Moniteur, seraient transcrites sur les registres de ses délibérations, et envoyées à tous les ingénieurs.

Les élèves des ponts et chaussées, objets constants de la bonté et des soins paternels de M. Brisson, déjà dignes par leur instruction de sentir le prix des conseils qu'il leur prodiguait dans son cours de constructions, ont désiré joindre leurs hommages à ceux que leurs chefs rendaient à cet homme supérieur, bon et modeste. Une notice, exprimant une partie de leurs regrets, a été lithographiée avec autorisation de M. le directeur général, et distribuée à tous les membres du corps.

Les élèves ont ensuite ouvert entre eux une souscription pour faire élever un monument simple comme celui auquel il est destiné (1); les souvenirs les plus durables et les plus dignes de lui sont ses ouvrages, et les traditions de ses conseils et de ses vertus. Un grand nombre d'ingénieurs se sont associés aux intentions pieuses de leurs jeunes camarades.

M. le directeur général, sous les auspices duquel est publié le présent ouvrage, a désiré que l'extrait de la séance du 14 octobre 1828 du conseil des ponts et chaussées, ainsi que les deux notices expressions des regrets des ingénieurs, fussent insérés à la suite de cet Avertissement.

Le vif intérêt qu'a pris cet administrateur à la publication de cet ouvrage, et le bonheur trop court qui m'a été donné d'avoir joui de l'intimité de M. Brisson, et d'avoir été choisi comme étant son premier

(1) Une pensée de M. Brisson, élève de prédilection et ami de Monge, sur le monument élevé à la mémoire de ce grand homme, peindra la simplicité et le goût pour les choses utiles qui contribuaient à rendre l'élève digne d'un tel maître. On sait que Monge acquittait annuellement à l'École polytechnique la pension de quelques élèves que la modicité de leur fortune mettait hors d'état de la payer. M. Brisson, tout en rendant justice aux sentiments qui ont fait élever un monument somptueux à cet homme plein de génie, de bonté et de simplicité, pensait qu'un hommage plus digne de lui eût été de consacrer la somme qu'on a dépensée, à fonder une ou plusieurs pensions à l'École polytechnique. Ces pensées touchantes et utiles nous conduisent à dire ce que font, depuis dix années environ, animés du même esprit, les élèves de cette École illustre. Je ne crois pas que M. Brisson ait eu le bonheur de le savoir; combien il en eût été touché! Je ne l'ai appris que depuis peu et par hasard. Les élèves nomment d'avance entre eux un commissaire. Il suffit que trois élèves lui déclarent qu'un de leurs camarades, dont eux trois seulement ont le secret, est hors d'état d'acquitter tout ou partie de sa pension; à l'instant, sur l'avis du commissaire, qui n'indique pas même les trois élèves dont il manifeste le témoignage, une souscription est ouverte, et le produit en est versé par le commissaire aux trois élèves, qui le remettent à leur camarade; celui-ci, qui a comme les autres fourni sa part de la souscription, va, de même qu'eux, et sans jamais être connu, acquitter lui-même le prix de sa pension. L'année dernière sept pensions ont été ainsi payées aux frais de tous. On ne sait ce qu'on doit ici le plus admirer: action utile faite judicieusement, sans que la faveur, résultant même d'affections louables, puisse en diminuer l'avantage; la pudeur du bienfait, et celle de la reconnaissance délicatement ménagées; la fraternité des élèves resserrée par le lien des vertus : les seules affections dignes de ce nom sont celles qui améliorent. Voilà les dignes enfants de Monge; voilà la jeunesse actuelle.

élève, pour transmettre à mes jeunes camarades les précieuses traditions qu'il a laissées en notes et en discours, m'ont naturellement appelé à surveiller l'impression de ses Mémoires (1).

Notes et documents laissés par lui, et qu'on publiera le plus tôt possible.

Je recueillais avidement ces traditions d'un maître qui, par sa bonté, savait si bien se mettre à notre portée. J'étais cependant loin de croire que je dusse sitôt être privé de ce doux et précieux commerce. Un devoir sacré me semble maintenant tracé, c'est d'enrichir la société de celles de ces traditions que j'ai pu rassembler. Les notes nombreuses qu'a laissées M. Brisson sur le cours de constructions, ses vues justes et neuves sur les applications de l'analyse (2) aux questions physico-mathématiques, sur les considérations d'économie publique, sur ce que doit être l'ingénieur, sur les services qu'il rend

---

(1) Une note, placée après la table des matières, indique les soins qui ont été pris pour que la correction du texte fût conservée, et pour qu'il fût commode de le suivre sur les cartes.

(2) Peu de solutions de cette espèce donnaient à cet esprit juste, et avide d'applications utiles, une satisfaction complète; il était surtout frappé de l'incertitude des éléments que l'on confie à l'analyse, et auxquels est subordonnée l'exactitude de ses résultats.

Il était en cette matière juge très compétent; il connaissait parfaitement les ressources du calcul et de la géométrie; il en créait lui-même, au besoin, pour adapter et modeler ces instruments sur les questions à résoudre.

A l'École polytechnique, M. Brisson devançait tous ses camarades par une aptitude extraordinaire pour les sciences mathématiques. Son goût pour les travaux d'utilité immédiate et des circonstances particulières l'ont porté vers une autre carrière. Mais au milieu des travaux actifs auxquels il se livrait avec tout le zèle d'un honnête homme, zèle dont il a été la malheureuse victime, malgré les voyages, les rapports, les projets de toute espèce dont il était chargé; en outre, des Mémoires spéciaux sur l'art de l'ingénieur, tels que ceux que l'on publie en ce moment, ou que la Notice sur la défense des côtes maritimes de la Hollande insérée dans le recueil lithographique de l'École; il trouvait, par son activité prodigieuse, le temps de se livrer à des recherches d'analyse et de géométrie. En l'an IX il avait présenté à l'Institut, avec son ami Dupuis de Torcy, le Mémoire sur le tracé des canaux, dont la partie géométrique est imprimée ci-après. En l'an XI et l'an XII il soumit à cette société savante deux *Mémoires sur l'intégration des équations aux différentielles partielles*; en 1823, un *Mémoire sur l'intégration des équations linéaires*; et enfin, en 1827, un Mémoire sur *les intégrales des équations linéaires aux différences partielles*, et l'*Essai sur la Canalisation de la France*. On lui doit un *Traité des ombres et de la perspective aérienne*, rédigé d'après les leçons de Monge, et qu'il publia à la suite du *Traité de géométrie descriptive* de ce savant

à la société, et sur la place qu'il doit tenir, je crois utile, et je prends l'engagement de les publier suivant les formes qui pourront augmenter l'utilité de ces publications pour ceux auxquels elles sont destinées.

Paris, 30 décembre 1828.

DULEAU.

---

illustre. M. Brisson était désigné dans l'opinion des savants comme devant occuper à l'Académie des sciences le fauteuil laissé vacant par la mort de Laplace. Quels succès n'eût-il pas obtenus dans les sciences, s'il se fût exclusivement livré à leur culture? Mais doit-on regretter qu'un esprit aussi juste et aussi étendu se soit appliqué à des questions moins relevées en apparence, mais d'une utilité plus prochaine, et dont la solution, quoique moins précise, n'en est peut-être que plus difficile à saisir?

EXTRAIT

DES REGISTRES DES DÉLIBÉRATIONS

DU

CONSEIL GÉNÉRAL DES PONTS ET CHAUSSÉES.

Séance du 14 octobre 1828.

M. Tarbé ouvre la séance en donnant lecture d'une lettre qui lui est adressée, en sa qualité de vice-président du conseil, par M. le directeur général. Voici la teneur de cette lettre :

» Monsieur, j'ai l'honneur de vous annoncer que je viens de nommer M. l'ingénieur » en chef Legrand, secrétaire du conseil général, en remplacement de M. Brisson.

» Le conseil déplorera avec moi la triste circonstance qui a rendu ce remplacement » nécessaire, et il n'est aucun ingénieur qui n'ait été vivement affligé de la mort pré- » maturée de M. Brisson. Ses utiles services, son zèle infatigable, ses talents, ont jeté » de l'éclat sur le corps distingué dont il faisait partie, et qui perd en lui un des hommes » qui l'honoraient le plus. Cet évènement, affligeant pour ses amis, si cruel pour sa » famille, m'a fait éprouver personnellement une peine profonde; et je ne suis assuré- » ment que l'interprète de la douleur commune, en témoignant ici tous les regrets » qu'une aussi grande perte m'inspire.

» J'ai l'honneur d'être, avec la considération la plus distinguée, Monsieur, votre très » humble et très obéissant serviteur,

» *Le Conseiller d'état, Directeur général des ponts*
» *et chaussées et des mines,*

» Signé Becquey. »

Sur la proposition de M. Tarbé, le conseil arrête que la lettre précédente, qui exprime des regrets si honorables et si partagés, sera transcrite sur le registre de ses délibérations.

Le conseil arrête aussi que la notice nécrologique sur M. Brisson, adressée au *Moni-*

teur, sera textuellement transcrite sur le registre de ses délibérations. Il prie M. le directeur général de vouloir bien permettre qu'elle soit imprimée, avec un extrait du procès-verbal de la séance de ce jour, et envoyée circulairement à tous les ingénieurs.

M. le directeur général, en accueillant le vœu du conseil, a répondu qu'on ne pouvait donner trop de manifestation aux regrets que devait inspirer une si grande perte.

NOTICE SUR M. BRISSON.

Moniteur du 19 *octobre* 1828.

L'État, la société, le corps des ponts et chaussées viennent de faire une perte aussi grande que douloureuse, dans la personne de M. Brisson, inspecteur divisionnaire des ponts et chaussées, membre de la Légion d'honneur, décédé à Nevers, le 25 du mois dernier, à peine âgé de cinquante ans, au milieu d'un voyage entrepris dans l'intérêt de l'administration publique.

M. Brisson, né à Lyon, le 11 octobre 1777, d'une famille honorable, donna, dès son enfance, les signes d'une étonnante capacité. Après avoir fait, au collége de Juilly, de fortes études, et obtenu ces premiers succès qui sont presque toujours, pour l'avenir, le gage de succès plus grands, il entra à l'école Polytechnique à l'époque de la création de cette école célèbre : il n'avait alors que seize ans, et dès ce moment le jeune élève prit rang parmi les maîtres. Bientôt il fut admis dans le corps des ponts et chaussées, où sa vie n'a été qu'un enchaînement des services les plus utiles et les plus distingués. Attaché, en 1800, sous la direction de M. Liard, au canal Monsieur, et deux années après, sous celle de feu M. Gayant, au canal Saint-Quentin, il s'occupa plus particulièrement sur l'un et l'autre de ces deux canaux des travaux du bief de partage; et dans ces postes difficiles et importants, il déploya les ressources d'un génie actif et fécond. Une récompense éclatante suivit de près ces premiers succès : à peine M. Brisson atteignait-il sa trentième année, qu'il reçut le brevet du grade d'ingénieur en chef. C'est en cette qualité qu'il prit, le 1er mars 1809, la direction du département de l'Escaut, qui faisait alors partie de la France. On connaît la situation de ce territoire, placé au-dessous du niveau des pleines mers; on connaît les dangers dont il est incessamment menacé par les marées, qui s'élèvent au-dessus du sol cultivé et habité, et dont les flots envahiraient une surface immense de terrain, sans les digues puissantes contre lesquelles leur fureur vient se briser. M. Brisson sut opposer aux efforts de l'Océan tous les moyens d'un art qu'il avait profondément étudié, et dans l'espace de quatre années, heureusement secondé par son collaborateur et son ami, M. Dan de la Vauterie, aujourd'hui ingénieur en chef du département de la Manche, il exécuta, avec le plus grand succès, des travaux immenses d'un genre nouveau, dont le pays gardera toujours les précieuses traditions. Ce fut aussi dans ce département qu'il rédigea les projets du canal de Bruges à l'Escaut, et d'un port maritime à Breskens.

Les évènements de 1814 le ramenèrent dans sa patrie, et le 1er août suivant, M. le baron Pasquier lui confia le service du département de la Marne, l'un de ceux où la guerre venait d'étendre ses ravages. M. Brisson consacra tous ses moments à effacer les traces d'une invasion qui avait laissé les routes dans un état déplorable. La ville de Châlons lui doit particulièrement la restauration du pont sur la Marne.

Mais la capitale devait être bientôt le théâtre de ses talents. M. Becquey, conseiller d'état, directeur général des ponts et chaussées, juste appréciateur des éminentes qualités de M. Brisson, qu'il honorait d'une estime, d'une confiance et d'une affection toutes particulières, ne tarda pas à penser que c'était au centre même de l'administration qu'il fallait placer un homme dont les lumières étaient si variées et si étendues. Il le chargea d'abord des études d'un canal de Paris à Tours et à Nantes, puis il le nomma successivement professeur de construction à l'École royale des ponts et chaussées, inspecteur de cette École, et secrétaire du conseil général d'administration. En 1824, une nouvelle distinction vint s'ajouter aux précédentes; M. Brisson fut élevé au grade d'inspecteur divisionnaire. C'est dans ces diverses fonctions; c'est dans les leçons qu'une jeunesse studieuse, dont il était l'idole, recueillait avidement; c'est dans les délibérations du conseil, où il se faisait remarquer par la justesse des vues, par la rectitude de son jugement et la promptitude de sa pensée; c'est dans ces nombreux rapports qui lui étaient demandés à chaque instant, et qui, presque tous, sont de véritables traités sur la matière dont ils étaient l'objet; c'est dans ses conversations journalières avec tous les ingénieurs qui venaient lui soumettre une foule de questions nouvelles qu'il résolvait avec autant de rapidité que de bonheur; c'est enfin dans ses relations de devoir ou d'amitié, qu'il se plaisait à épancher l'immense trésor de ses connaissances. Une palme nouvelle semblait l'attendre encore, au moment même où la mort est venue si prématurément le ravir à sa famille, à ses nombreux amis, et au corps dont il était l'ornement. Une place vaquait à l'Académie des sciences; de grands travaux, de savants mémoires appuyaient sa candidature et légitimaient ses espérances.

Mais pour connaître M. Brisson tout entier, il faudrait le suivre dans sa vie privée :

c'est là qu'on le verrait pratiquer toutes les vertus de famille. Excellent mari, bon père, bon frère, ami fidèle et dévoué, oublieux de ses intérêts pour soigner ceux des autres, on peut dire que les qualités de son cœur égalaient celles de son esprit.

Ce n'est point en quelques lignes qu'on peut mesurer une pareille perte; il faudrait une main plus habile pour suppléer à tout ce que laisse d'imparfait ce faible et premier hommage rendu à la mémoire d'un homme dont la vie a été si utile et dont la mort excite de si profonds regrets.

Puisse sa veuve désolée, puissent ses malheureux enfants trouver, dans l'expression d'une douleur universellement partagée, une consolation bien faible sans doute pour un si grand malheur!

HOMMAGE

DES ÉLÈVES DES PONTS ET CHAUSSÉES A LA MÉMOIRE DE M. BRISSON.

Privés par un coup fatal et imprévu d'un chef adoré que nous comptions voir long-temps au milieu de nous, qu'il nous soit permis de donner cours à notre douleur et de nous représenter quelques traits d'une image qui restera toujours gravée dans nos cœurs, mais que l'esprit le plus étendu aurait peine à embrasser.

Dès l'École polytechnique, nous connaissions d'avance M. Brisson, par ce Mémoire sur la configuration de la surface du globe, et sur les canaux à point de partage qu'il avait fait avec son ami Dupuis de Torcy, comme lui prématurément enlevé aux sciences et à leurs applications utiles. Il fallait, au jugement de géomètres du premier ordre, un esprit vaste et profond pour découvrir un ensemble régulier dans une réunion confuse en apparence de formes variées, où l'on n'avait aperçu jusque là qu'un petit nombre de faits isolés, sans liaison ni conséquence.

L'application de la théorie développée dans ce Mémoire fit découvrir à M. Brisson, par la seule inspection des cartes, un point de partage entre la Sarre et le Rhin, plus bas de 28 mètres que celui qu'avaient indiqué Vauban, et après lui tous les ingénieurs qui s'étaient occupés de la même recherche. Il fixa de même le col le moins élevé dans les environs de Saint-Étienne, sur la chaîne qui sépare le Rhône et la Loire. Ces principes importants et féconds avaient présidé à la collection des matériaux qu'il avait rassemblés, seul et par sa propre impulsion, sur la canalisation générale de la France, matériaux qui servirent en 1820, aux projets généraux de navigation intérieure. Il les avait depuis long-temps réunis dans un Mémoire, que l'Institut honora de son approbation en 1827. M. Brisson se disposait à le publier lorsqu'il nous fut enlevé. Espérons qu'on nous fera bientôt jouir de cet ouvrage, fruit des méditations d'une partie de sa vie.

Nous avons pu voir d'après un exemple frappant, combien l'absence des principes découverts par M. Brisson sur la détermination des points les plus bas d'une chaîne de montagnes peut faire perdre de temps et de travail : un de nos professeurs nous fit re-

d

marquer un projet de canal entre l'Ohio et la Chesapeake, rédigé en 1824 et 1825, par les ingénieurs des États-Unis; ce ne fut qu'après avoir nivelé laborieusement toutes les vallées des deux versants opposés et les seuils qui les séparent sur une étendue de terrain de plus de 100 lieues carrées, que l'on parvint au col le plus bas; la direction des cours d'eau sur la carte, et les règles posées par M. Brisson, indiquent à la première vue ce point important.

Les travaux et les méditations de ce savant ingénieur avaient eu principalement les canaux pour objet. Aussi l'administration le consultait sur les divers projets de lignes navigables, et le chargea d'étudier des communications importantes. Choisi comme conseil par des compagnies, il a posé les bases du tracé du chemin de fer de Saint-Étienne à Lyon, et a fait l'étude détaillée du canal à établir entre Paris et Strasbourg. Dans ce projet, l'un des plus étendus et des mieux étudiés que l'art de l'ingénieur, suivant l'opinion de nos chefs, ait encore produits, il s'agissait de réunir deux fleuves séparés par trois grandes vallées, d'où semblait résulter la nécessité de quatre points culminants: M. Brisson parvint à n'en avoir que deux. Il échappait ainsi, pour ceux qu'il supprimait, aux difficultés que présente toujours la dérivation des eaux vers les points de partage, et réduisait le nombre des écluses ainsi que la hauteur à franchir. Puissions-nous voir, pour faire briller un des titres de gloire de notre maître, et pour la prospérité de la France, ce beau projet mis à exécution.

C'étaient là les exemples qu'il nous donnait à méditer et à suivre; mais que de leçons savantes et utiles il nous prodiguait dans le cours de construction! Parmi tant de travaux importants et variés, il trouvait le temps de s'y adonner comme à une occupation unique et de son choix. Les notes nombreuses qu'il a laissées sur diverses parties de ce cours, dont il est, on peut le dire, le créateur (1); notes qui pour un même sujet se trouvent répétées sous plusieurs formes, prouvent que, malgré la vivacité et l'étendue extraordinaires d'esprit dont il était doué, il regardait le travail comme indispensable pour mûrir les résultats que produisaient ses premières pensées. Exemple important et encourageant pour nous: ce que nous aurions pu regarder comme le fruit né sans peine, de facultés rares et accordées à peu d'êtres privilégiés, devait donc aussi sa perfection à

---

(1) Nous entendons parler surtout de l'ensemble et de la liaison qu'il a mis dans les parties d'un enseignement aussi étendu. Lui-même se plaisait à nous rappeler les nombreux matériaux qu'il devait à ses prédécesseurs.

de laborieuses recherches ! Aux questions particulières qui se présentaient, il appliquait à propos, soit la géométrie descriptive, soit l'analyse, dont il savait choisir et varier les formes pour les mouler, pour ainsi dire, sur les contours, sur les propriétés diverses qu'il voulait décrire et mesurer! Le suffrage des savants marquait son rang à l'Institut, au siége vacant par la mort de Laplace; quelle fatalité jalouse est venue ravir, à lui cette récompense méritée, et à nous le bonheur de l'applaudir! Et combien notre douleur augmente en considérant que c'est pour hâter son voyage, pour revenir plus tôt vers nous avec un riche trésor d'observations, qu'il a contracté et aggravé le mal auquel il a succombé.

Répandre les lumières qu'il avait acquises était pour lui un besoin. On connaît les travaux importants et difficiles qu'il a fait exécuter dans le département de l'Escaut pour la défense de cette contrée, plus basse que les hautes marées; mais ce que les ingénieurs savent seuls, c'est que, dans le Recueil lithographique qui leur est destiné, il a mis une notice étendue et détaillée, traité complet de cette matière. Exemple qu'il serait à désirer de voir suivre plus souvent aux ingénieurs chargés de travaux importants, et qu'il se proposait de donner encore : « Je croirais, disait-il à l'un de nous dans son » dernier voyage, faire une chose utile à la science de l'ingénieur, en publiant ce » que j'ai vu au canal Saint-Quentin, sur les difficultés qu'opposait la nature, sur les » moyens ingénieux employés pour les surmonter, sur les fautes même que l'inexpé» rience a laissé inévitablement échapper, et qu'il est important de reconnaître pour » les éviter à l'avenir. »

Dans les derniers mois de sa vie, il causait souvent avec plusieurs d'entre nous d'un Mémoire dont il était chargé comme membre d'une Commission sur la police du roulage; Mémoire dans lequel il a présenté les vues les plus utiles sur la question importante de la conservation de nos routes.

La lumière et la vie dont il animait toutes les questions qu'il touchait de sa main puissante, révélaient en lui l'élève de prédilection et l'ami de Monge (1); sa bonté seule, son affabilité, la flexibilité d'esprit et la tendresse paternelle de cœur avec lesquels il se mettait, à tous les instants, en interrompant ses recherches les plus abstraites, au ni-

---

(1) Monge l'avait choisi pour l'époux de sa nièce. En 1823, M. Brisson a publié une nouvelle édition de la *Géométrie descriptive* de Monge, à laquelle il ajouta un *Traité des ombres et de la perspective aérienne*, rédigé d'après le souvenir des leçons de ce modèle des professeurs.

veau de notre timidité et de notre faible intelligence, nous eût fait deviner cette tradition de bonté vivifiante du père de l'École polytechnique : comme il savait attirer notre confiance, encourager nos essais, nous donner les conseils les plus sages et les plus éclairés, sous la forme aimable des épanchements ou des saillies d'un camarade! En lui la France et la société perdent un esprit supérieur et un homme utile; nous, comme sa famille, nous pleurons un ami et un père.

Nous nous sommes resserrés dans le cadre étroit, tracé par les rapports que M. Brisson avait avec nous. Sous combien d'autres points de vue plus élevés ne mérite-t-il pas d'être observé et regretté! La notice insérée au procès-verbal des séances du conseil général des ponts et chaussées, et dans le Moniteur du 19 octobre 1828, peint à grands traits ces facultés étendues et diverses, ces vertus publiques et privées, dont l'étude attentive doit toute notre vie faire l'objet de nos méditations, et nous conduire vers le but de toutes les actions, de toutes les pensées de cet homme de bien: le perfectionnement de la société, et le bonheur de nos semblables.

ESSAI

D'UN SYSTÈME GÉNÉRAL

DE NAVIGATION INTÉRIEURE

DE LA FRANCE.

État actuel de nos voies de communications intérieures.

Les routes sont jusqu'à présent la principale et même à peu près la seule voie de communication ouverte au commerce dans presque toute l'étendue de l'intérieur de la France. Cet état de choses est le résultat du développement donné à l'emploi des corvées pendant la durée du dernier siècle : en effet l'usage des corvées permettait de construire des chaussées nouvelles, d'entretenir les chemins existants sans faire sortir des fonds des caisses publiques, et la création de cinq à six mille lieues de route, sous le règne de Louis XV, a paru ne rien coûter à l'État (1).

---

(1) En 1777, M. Necker, contrôleur général des finances, fit demander dans les différentes généralités à combien se montait la valeur des travaux faits annuellement en corvée. J'ai entre les mains un Mémoire dans lequel M. Coluel, ingénieur en chef à Châlons-sur-Marne, donnait en réponse les résultats suivants, relatifs à la généralité de Champagne.

Il s'y trouvait 609 lieues de route, à l'entretien desquelles on employait chaque année, moyennement :

1° 540,000 journées de manœuvres que M. Coluel porte à 1 fr. 00, prix courant de l'époque.	540,000 fr.	00
2° 465,000 journées de voitures, moyennement à deux chevaux, comptées à 4 fr. 00 l'une, y compris le conducteur.	1,860,000	00
Total pour l'entretien seul. . . .	2,400,000	00
On employait en outre habituellement, chaque année, à des		
A reporter. . . .	2,400,000 fr.	00

Les ressources qu'offraient les corvées ne s'appliquaient pas aussi facilement à la construction et à l'entretien des canaux et au perfectionnement de la navigation des rivières. Aussi cette partie des travaux publics fut en général d'autant plus négligée, qu'on donna plus de soins aux routes : et même il ne serait pas difficile de prouver que sur divers points la navigation est aujourd'hui beaucoup moins florissante qu'elle l'était il y a un siècle.

Peu d'années avant la révolution les corvées furent abolies, et nos institutions actuelles s'opposent pour jamais à leur rétablissement. Depuis cette époque les routes sont entretenues à prix d'argent et à l'aide de fonds perçus sous forme d'impôts. Mais le gouvernement n'a jamais pu ou voulu affecter à cette branche des dépenses publiques les fonds qui y auraient été nécessaires. Nos routes, en empierrement pour la plupart, n'ont pas reçu chaque année une quantité de matériaux de rechargement égale à ce que consommaient le passage des voitures et les intempéries des saisons ; leurs chaussées ont donc perdu de leur épaisseur, et presque partout elles ont besoin maintenant d'une restauration dont la dépense serait telle, qu'on doit craindre qu'elle ne s'effectue jamais. Indépendamment de cette restauration complète, dont on ne peut guère nourrir l'espérance, la dépense nécessaire, pour bien conserver au moins les routes dans l'état assez précaire où elles

---

Report. . . .		2,400,000	00
constructions de routes neuves, 24,000 journées de manœuvres, à 1 fr. 00 l'une, ci.	24,000 fr. 00	100,000	00
Et 19,000 journées de voitures, à 4 fr. 00. .	76,000 00		
TOTAL.		2,500,000	00

Ces dépenses ne comprenaient ni les travaux d'art, ni les frais de conduite des ateliers.

Aujourd'hui les prix courants seraient au moins de 1 fr. 50 c. pour la journée de manœuvres, et de 8 fr. 00 pour celle de la voiture à deux chevaux, y compris le conducteur, ce qui porterait l'estimation précédente à 4,718,000 fr.

On sait que les corvées sont un mode de travail très dispendieux; et sûrement un complet entretien des routes des quatre départements de la Marne, de l'Aube, de la Haute-Marne et des Ardennes, formés de l'ancienne généralité de Champagne, n'exigerait pas une dépense de 4,700,000 fr., mais on croit qu'il faudrait y mettre plus du tiers de cette somme, et depuis quelques années on n'y a guère employé que le sixième. Je crois qu'il en est de même dans le reste de la France.

sont maintenant, excède les fonds qui nous sont alloués chaque année. Enfin toutes ces dépenses sont de nature à augmenter par la rareté progressive des matériaux d'entretien et la distance de plus en plus grande à laquelle il faut les aller chercher.

Cependant depuis l'époque où, par l'effet de la suppression des corvées, les routes ont cessé de recevoir un entretien suffisant, le commerce intérieur a reçu de nos institutions nouvelles, et des circonstances extraordinaires où nous avons été placés, un accroissement sensible d'activité. Plus de voitures circulent sur nos routes; elles sont plus fortement chargées; il y a plus de mouvement, et l'on voyage plus qu'autrefois. Ainsi les moyens de communication deviennent pour nous d'une plus haute importance dans l'instant même où il nous est plus difficile de maintenir ceux que nous possédons.

Nécessité de modifier avant peu notre mode général de communications intérieures, et de substituer pour les gros transports les canaux navigables aux routes.

Ces considérations, qui ne peuvent échapper à tous ceux qui jettent les yeux sur la situation de nos routes et sur celle de notre industrie commerciale, nous paraissent prouver que nous touchons au moment où nous ne pouvons plus nous dispenser de modifier notre système de communications intérieures, soit pour le concilier avec les moyens d'entretien et de conservation dont nous pouvons désormais disposer, soit pour satisfaire à des besoins de circulation plus considérables.

L'on sent que c'est particulièrement de la création et du perfectionnement des communications navigables qu'on peut attendre la solution d'un problème aussi important. En effet la navigation seule, en rendant les transports beaucoup plus économiques, permet de percevoir des péages dont les produits couvrent les frais d'entretien, et remboursent, en totalité ou en partie, les dépenses de premier établissement.

Ce changement doit être précédé de l'adoption d'un plan général et systématique de toutes les lignes de navigation à établir en France.

C'est donc vers ce but que nous devons tendre, et pour y procéder avec ordre, le premier pas à faire est l'étude et l'adoption d'un plan général et systématique, dans lequel toutes les communications navigables qu'il est utile et en même temps possible d'ouvrir, soient comprises et classées suivant leur importance.

S'il ne s'agissait que de reconnaître les directions suivant lesquelles le commerce appelle la création de voies commodes pour ses transports, l'administration supérieure, en France, arrêterait seule le système des canaux qui lui paraîtraient nécessaires, et elle ne s'adresserait aux hommes de l'art que pour leur donner à diriger l'exécution de ce qu'elle aurait arrêté. Mais les canaux, beaucoup plus encore que les routes, dépendent pour leur première conception comme pour les détails de leur tracé, de l'étude des formes du terrain; et c'est par là que l'opération première dont je viens d'exposer la nécessité rentre entièrement dans les attributions des ingénieurs.

Un tel travail ne peut être fait que par les ingénieurs des ponts et chaussées, et doit résulter du concert de beaucoup de recherches et d'opérations géodésiques.

Ainsi c'est à eux qu'il appartient de disposer dès à présent tous les matériaux à faire entrer dans le système général de la navigation intérieure de la France, et de préparer par là le changement que réclame l'étendue actuelle de notre commerce intérieur, et l'ordre de choses dans lequel nous nous trouvons placés.

Objet de cet ouvrage.

L'on ne peut espérer sans doute de parvenir à tracer d'une manière satisfaisante le plan systématique de communications navigables dont il est convenable de provoquer l'exécution, qu'en réunissant des données précises et multipliées, fruit des recherches et des efforts d'un grand nombre d'ingénieurs; mais leurs travaux préliminaires même ont besoin d'être dirigés, et il ne peut qu'être utile de désigner à leur examen les lignes suivant lesquelles des considérations générales donnent lieu de penser qu'il est possible de créer des navigations artificielles.

Tel est l'objet essentiel du travail que j'entreprends, et qui ne doit être considéré que comme une première esquisse et un recueil d'indications à vérifier par les ingénieurs, que leur résidence met le plus à portée de se livrer aux opérations locales que comporte cet examen.

Principes généraux de la détermination des points de partage des canaux.

Les recherches que je vais exposer sont en général des applications de la théorie développée dans un mémoire présenté en 1802, par mon camarade et mon ami Dupuis de Torcy (1), et par moi, à la première classe de l'Institut, et que cette société savante a honoré de son approbation. Je me bornerai à rappeler ici le principal résultat de ce Mémoire.

---

(1) Dupuis de Torcy est mort à Cayenne en 1803, victime de son zèle pour son service. Les habitants de cette colonie ont donné son nom à un canal dont on lui doit le tracé, et dont il pressait les travaux quand il succomba aux atteintes de la fièvre coloniale.

Le Mémoire que je cite est imprimé en partie dans le XIVe volume du *Journal de l'École polytechnique.*

La ligne de faîte qui sépare les versants de deux bassins contigus est une courbe qui, rapportée à un plan horizontal, présente des sinuosités ou des arcs alternativement convexes et concaves, et par conséquent des points de plus grande et de moindre hauteur. Lorsque l'on doit faire franchir un faîte à un canal, c'est ordinairement par un des points de moindre hauteur qu'il convient de passer. Si deux cours d'eau ou deux thalwegs (1), dirigés en des sens opposés, étant prolongés, viennent se rattacher au même point d'un faîte intermédiaire, ce point est en général un de ceux de plus grande ou de moindre hauteur. Si divers cours d'eau s'éloignent de ce point dans plusieurs directions divergentes, on peut en conclure qu'il est un de ceux de plus grande hauteur. Si au contraire divers cours d'eau coulent de part et d'autre du faîte, à peu près parallèlement entre eux, pour venir se jeter et se réunir dans les deux thalwegs qui partent d'un même point du faîte dans des directions opposées, ce dernier point est un de ceux de moindre hauteur; il doit d'autant plus convenir à un point de partage de canal, que les formes du terrain, considéré dans un cercle d'un plus grand rayon, satisfont plus complètement aux conditions que nous venons d'indiquer. Ainsi, c'est en général aux points où des cours d'eau appartenant à des bassins différents, après avoir coulé parallèlement entre eux, prennent des directions divergentes, qu'il convient en général d'assigner la position des biefs de partage des canaux.

Évaluation par aperçu de la quantité d'eau nécessaire à l'entretien d'un point de partage.

Avant d'entrer en matière, j'exposerai encore quelques réflexions qu'on ne doit pas perdre de vue dans les projets des canaux à point de partage.

Sur les principaux canaux de ce genre qui existent déjà en France, on réunit à leur sommet, pour les alimenter, les eaux de neuf à treize lieues superficielles de terrain (2), et presque partout on se plaint de ne pas en avoir assez. Il est vrai que sur plusieurs de ces canaux les écluses ne sont pas disposées de la manière la plus favorable à l'économie de l'eau, et que, d'autre part, la dépense en serait moindre sur des lignes de navigation où le commerce serait moins actif. Nous pensons qu'il faut pouvoir réunir à un point de partage les eaux de huit

(1) Le thalweg est la ligne des plus grandes profondeurs d'une vallée.

(2) Voir dans le 3e volume des *Œuvres de Ganthey* le 7e Mémoire sur les canaux.

à quinze lieues carrées de pays, selon l'importance de la navigation qui devra s'y établir, et la nature météorologique et géologique du pays.

Considérations sommaires sur les limites des dépenses à faire pour obtenir cette quantité d'eau.

Mais les dépenses convenables pour se procurer les eaux nécessaires à l'entretien d'un point de partage ont des limites qu'il est essentiel de reconnaître.

Lorsqu'un bateau parcourt un canal à point de partage, pour le faire monter du point de départ au sommet du canal, il faut en général faire descendre d'écluse en écluse, et par conséquent de toute la hauteur dont le bateau s'élève, une quantité d'eau égale à une éclusée, plus au volume de fluide déplacé par le bateau. Pour le faire parvenir du sommet au point d'arrivée, il faut encore laisser écouler d'écluse en écluse, et par conséquent de toute la hauteur dont le bateau s'abaisse, une quantité d'eau égale à une éclusée, moins le volume de fluide qu'il déplace. Une éclusée est égale ordinairement à plusieurs fois le volume d'eau équivalant au poids d'un bateau; si ce volume est de 100 mètres cubes, que l'éclusée soit de 500 mètres; qu'un bateau ait 20 mètres à monter pour arriver au sommet d'un canal, il faudra laisser tomber de 20 mètres de hauteur, une quantité de 600 mètres cubes d'eau; pour faire descendre le même bateau de 20 mètres, il faudra laisser tomber de la même hauteur une quantité de 400 mètres cubes d'eau. On fait donc dans les canaux à sas un emploi assez désavantageux de la force due à la chute de l'eau; mais ce n'est pas la seule consommation à laquelle il faille subvenir, et l'évaporation, l'imperfection des portes d'écluses, les infiltrations à travers le sol en absorbent presque toujours une plus grande quantité; les infiltrations, surtout dans les premiers temps de la construction d'un canal, occasionent souvent des pertes incalculables. Il est vrai qu'on ne doit négliger aucun moyen de les prévenir ou de les arrêter, et qu'on peut remplacer par des prises d'eau inférieures ce qui se perd au-dessous du point de partage. Mais quelques précautions que l'on prenne, il faut s'attendre qu'une partie des eaux amenées en ce point sera perdue pour la navigation; on ne peut ainsi prodiguer l'eau que dans les localités où elle n'a qu'une faible valeur vénale, et où l'on peut se la procurer sans des frais trop considérables.

Quelques personnes ont proposé d'élever les eaux nécessaires aux canaux à point de partage à l'aide de machines à vapeur, et l'on en a fait usage en Angleterre. Il est facile de déduire de ce qui précède qu'on ne doit recourir à ce moteur que lorsque le combustible étant à un prix assez bas, relativement aux autres objets de consommation, on peut user sans économie de la force pour obtenir plus de commodité dans la montée et la descente des bateaux. On peut encore avoir recours à ce moyen lorsque l'importance de la voie navigable qu'on se propose, et l'inconvénient de laisser dans son étendue une lacune qui exigerait des frais considérables de chargement et de déchargement sont tels qu'il y a économie à faire un emploi aussi défavorable de la force de la vapeur. Mais dans les circonstances les plus ordinaires en France, il faut réserver les moteurs qui ne permettent pas une extrême prodigalité de force, aux plans inclinés et aux autres mécanismes particulièrement appropriés aux petits canaux, ainsi qu'aux chemins de fer.

Il était utile de rappeler ou de poser les principes précédents, comme préliminaires d'un ouvrage qui a spécialement pour but l'indication d'un grand nombre de points de partage.

Bases du système général de la navigation intérieure de la France, et classification des différents genres de canaux dont il devra se composer.

Le système général des communications navigables dans l'intérieur de la France me paraît devoir comprendre trois ordres ou classes de canaux.

Canaux de première classe.

Je rangerai dans la première classe ceux qui se dirigent de Paris sur les points de commerce les plus importants de nos frontières, et ceux qui, traversant la France dans une grande étendue, intéressent un nombre considérable de départements. C'est ce que l'on peut regarder comme les grandes artères du royaume, sur lesquelles viendront s'embrancher les communications secondaires. Les canaux de première classe devront offrir 1ᵐ60 de hauteur d'eau, et les sas de leurs écluses auront 32ᵐ50 de longueur sur 5ᵐ20 de largeur. Ces dimensions sont celles de la plupart des principaux canaux que nous possédons déjà. On ne pense pas qu'il existe jusqu'à présent en France de nécessité d'ouvrir des voies navigables à des barques de plus grandes dimensions, si ce n'est de l'embouchure de la Seine à Paris, pour faire parvenir les bâtiments de mer jusqu'à la capitale du royaume; mais comme cette communication est seule dans ce cas, nous la considérerons comme une exception, et nous n'en ferons pas une classe particulière.

Canaux de deuxième classe.

Dans le second ordre, je placerai les canaux destinés spécialement au débouché des productions d'une province ou d'une contrée, et à lier ensemble un petit nombre de départements. Les canaux de cette classe, d'une importance et d'une étendue secondaires, devant se rattacher à ceux de première classe, il est convenable de leur conserver à peu près la même hauteur d'eau, et de donner aux sas de leurs écluses, en longueur et en largeur, des dimensions qui soient des divisions exactes de celles des sas des grands canaux. Je propose de leur donner en général $16^{m}50$ de longueur, et $2^{m}60$ de largeur, de manière que quatre bateaux des canaux du second ordre puissent en se réunissant occuper le sas d'un canal de premier ordre; ces bateaux auraient 14 à 15 mètres de longueur, ce qui suffit pour recevoir en général tout ce qui circule actuellement sur nos routes. Cependant, sur un petit nombre de canaux secondaires, on pourra se conserver les moyens de faire passer des bateaux chargés de bois de 25 à 30 mètres de longueur pour mâtures, en donnant à leurs sas $32^{m}50$ de longueur sur $2^{m}60$ de largeur.

Canaux de troisième classe.

Enfin la troisième classe se composera des canaux de plus petite dimension encore, destinés à des bateaux de 10 à 12 milliers de chargement, et ayant pour objet une exploitation particulière ou devant servir de débouché à des contrées moins étendues et moins riches que celles auxquelles sont affectés les canaux secondaires. Pour ce troisième ordre, on pense qu'on remplacera avec avantage les écluses par des plans inclinés garnis de *charrières* ou de *voies* en fonte, et ce moyen de franchir les différences de niveau entre les biefs rend ce genre de canaux applicable à quelques uns de nos départements, où la grandeur des pentes rendrait l'emploi des écluses ordinaires trop dispendieux et la marche des bateaux beaucoup trop lente.

Je me propose de traiter successivement des canaux des deux premières classes; ceux de troisième classe ne peuvent être conçus et projetés qu'à mesure du développement des besoins locaux et des intérêts particuliers qu'ils doivent spécialement servir.

Je suppose que pour suivre les recherches que je vais exposer on a sous les yeux les cartes de France de *Cassini*, ou du moins, une réduction de ces cartes telle que tous les ruisseaux s'y trouvent tracés.

Il suffira d'indiquer seulement les canaux déjà entrepris, et je ne parlerai que très succinctement de la position de leurs points de partage.

COMMUNICATIONS NAVIGABLES

DE PREMIÈRE CLASSE.

Ire LIGNE,

DE PARIS AU HAVRE.

Cette communication existe par la Seine ; l'importance du commerce de la capitale exigera qu'elle soit améliorée et même rendue praticable à des bâtiments de mer d'environ 12 mètres de largeur et de 4 mètres de tirant d'eau, en leur épargnant les difficultés de l'embouchure du fleuve et celles qu'offrent quelques points de son cours, et en coupant plusieurs sinuosités qui alongent extrêmement le trajet. Mais la recherche de ces perfectionnements, que je considère comme une exception dans l'ordre du travail que j'ai entrepris, demanderait d'ailleurs des développements qui ne sauraient trouver place ici.

IIe LIGNE,

DE PARIS A LA BELGIQUE.

La communication de Paris à la Belgique est ouverte par la Seine, l'Oise, le canal Crozat qui unit l'Oise à la Somme, le canal de Saint-Quentin, qui unit la Somme à l'Escaut, principal fleuve de la Belgique.

On travaille en ce moment au perfectionnement du canal de Saint-Quentin dont plusieurs biefs, et particulièrement le bief de partage, ouverts dans la craie, laissent perdre rapidement les eaux qu'on y introduit.

On restaure en même temps le canal Crozat dont les ouvrages faits il y a bientôt un siècle, et long-temps mal entretenus, ont besoin de fortes réparations.

On ouvre latéralement à l'Oise, de Chauny à l'embouchure de

l'Aisne, un canal qui substituera une navigation toujours facile à une marche souvent pénible en lit de rivière.

Enfin, l'on s'occupe de perfectionner la navigation de l'Oise par la construction de sept barrages accompagnés d'écluses à sas.

Nous ne donnerons aucun détail sur ces travaux aujourd'hui en activité, et qui ne présentent aucune difficulté sous le rapport géodésique.

Nous ne ferons également que rappeler la construction récente du canal Saint-Denis et du canal Saint-Martin alimentés par les eaux de la dérivation de l'Ourcq, prises au bassin de la Villette, et dont l'objet est d'établir une communication entre la Seine au-dessus de Paris, et ce même fleuve à Saint-Denis.

On a étudié, pour éviter les détours et les difficultés qu'offre le cours de la Seine jusqu'à l'embouchure de l'Oise, l'ouverture d'un canal de Saint-Denis à Pontoise faisant suite à celui dont nous venons de parler. Ce canal suivrait la droite de la route de Saint-Denis à Pontoise, à laquelle il serait parallèle. Il couperait le faîte entre la Seine et l'Oise dans les bois de Boissy, à l'ouest du Plessis-Bouchart, et en établissant le bief de partage à 15 mètres au-dessous du faîte, on aurait à descendre d'environ 30 mètres vers l'Oise et de 23 mètres vers la Seine, jusqu'à l'avant-dernier bief du canal de la Villette à Saint-Denis sur une longueur de 24 kilomètres. Quoique le bief de partage, ainsi établi, soit moins élevé que le bassin de la Villette, on ne songe point à l'alimenter par des eaux du canal de l'Ourcq qu'on ne pourrait y faire parvenir sans de très grands frais, et qui ont déjà une destination trop essentielle pour la ville de Paris. Mais on peut l'entretenir par deux rigoles, dont l'une recueillerait les sources qui coulent à l'ouest de la forêt de Montmorency, et dont l'autre recueillerait celles qui coulent au midi. Toutefois, comme ces ressources seraient insuffisantes, la seconde rigole se prolongerait pour aller dériver les eaux des ruisseaux de Sarcelles et de Gonesse. Il nous semble cependant que ces eaux-là ont trop de valeur pour être employées à l'entretien d'un bief de partage, et il y a lieu de croire que les indemnités qu'entraînerait l'exécution d'un tel projet, à raison du grand nombre d'usines ou d'établissements utiles ou agréables dont la suppression deviendrait nécessaire, le rendent inadmissible. Cette direction pourrait devenir avec plus d'avantage celle du chemin de fer.

L'on estime qu'on pourrait remplacer le canal de Saint-Denis à Pontoise par une communication de huit kilomètres entre la Seine prise un peu au-dessous d'Argenteuil, et ce même fleuve entre Sartrouville et la Frette. On aurait à racheter environ 2^{m},50 de chute et la facilité d'y établir des usines. L'on aurait sur la longueur du canal 3,000 mètres de longueur de souterrain dans un sol en général de nature calcaire. En dirigeant les travaux du souterrain avec économie, et quels que soient les frais énormes de tout ce qui se fait autour de Paris, on pense que ce dernier projet ne coûterait pas les deux tiers de ce que coûterait le canal direct de Saint-Denis à Pontoise.

IIIe LIGNE,

DE PARIS A STRASBOURG.

Cette ligne a été étudiée en 1826 par plusieurs ingénieurs (1) sous ma direction. Elle fait partie de la grande communication entre les côtes de la Manche et la Suisse et l'Allemagne méridionale, et c'est sous ce rapport que nous l'avons considérée.

L'importance du commerce qui se dirigerait de l'ouest vers l'est, détermine à substituer à la navigation naturelle de la Marne un canal latéral.

En partant donc de la Seine, un canal placé généralement sur la rive gauche, passera à Lagny, coupera la hauteur de Chalifer par un souterrain de 200 mètres, pour gagner le vallon de Coupevrai, et pour éviter le contour que fait la Marne au-dessous de l'embouchure du grand Morin; il remontera de Condé Saint-Libière à Meaux, se détournera avant Trilport, pour couper par un souterrain de 2,900 mètres la hauteur de Monceaux, et rejoindre la Marne à Saint-Jean-les-Deux-Jumeaux, en évitant le circuit de la rivière entre ce dernier village et Trilport. Il arrivera à la Ferté, remontera toujours la rive gauche de la Marne, passera à Nogent-l'Artaud, près de Château-Thierry, à Dormans et sous Épernay, et se prolongera sur la même rive jusqu'à Jallons, où il entrera dans la Marne pour se reporter sur la droite de la vallée; il sui-

(1) MM. Polonceau, Duleau, Tourneux, Mangin, Jacquiné et Husson.

vra cette rive, passera à Châlons, et après avoir franchi la rivière de Saux par un pont-aqueduc, il parviendra à Vitry pour se rattacher aux fortifications de cette place.

La distance de Paris à Vitry, sera de 218 kilomètres dont 3100 mètres en souterrain, et la pente à racheter par des écluses sera dans cette étendue de $73^{m},76$.

De Vitry, le canal se dirigera sur la gauche de la rivière de Saux, qu'il traversera de nouveau à Estrepy, pour se rapprocher de l'Ornain; il suivra la gauche de cette rivière jusques au-dessous de Bar, la position de cette ville forçant le canal de se reporter en ce point sur la droite de l'Ornain; à peu de distance de cette rivière, le canal se replacera sur la gauche, qu'il suivra jusqu'à Naix, à une lieue et demie au-dessus de Ligny.

Le point de partage pour passer des bassins de la Seine et de la Marne à celui de la Meuse, sera placé à l'est de Bovée, au sommet du vallon qui verse ses eaux dans l'Ornain à Naix, point voisin de celui où le faîte descendant du sud au nord et intermédiaire à la Meuse et à l'Ornain affluent de la Marne se relève et se divise en deux, dont l'un sépare les eaux qui se rendent à l'Ornain et à la Marne, de celles qui se rendent à l'Aire affluent de l'Aisne et de l'Oise, et l'autre qui est intermédiaire entre l'Aire et la Meuse.

Le bief de partage exigera un souterrain de 5140 mètres. La distance de Vitry jusqu'au faîte entre l'Ornain et la Meuse, sera de 84 kilomètres, et la pente à racheter de 183 mètres.

Pour alimenter ce bief de partage, on réunira aux ruisseaux voisins une dérivation de l'Ornain prise sous Abainville, qu'on amènera par une rigole de 13 kilomètres, dont 4000 mètres en souterrain. On a quelque lieu de présumer que le souterrain du bief de partage rencontrera des sources très abondantes qui diminueront de beaucoup la quantité de celles à prendre dans l'Ornain, et peut-être dispenseront de les aller chercher.

Du bief de partage qui se terminera près de Naives, le canal descendra au vallon de la Méholle près de Vacon; de là, se soutenant de niveau, il viendra passer près de Void, suivra la rive gauche de la Meuse jusqu'au-dessus de Troussey; en ce point il traversera la Meuse sur un pont-aqueduc, passera près de Pagney, et sans relever son niveau, pénétrera dans le vallon du ruisseau de Laye, d'où, par un souterrain de 700 mètres près de Laye et de Foug, il gagnera le vallon du ruisseau de l'Ingressin affluent de la Moselle.

Il parviendra ainsi à Toul, et après s'être rattaché aux fortifications de cette place, il suivra la rive gauche de la Moselle jusqu'à trois quarts de lieue au-dessus de Verdun; en ce point, il franchira cette rivière par un pont-aqueduc.

Il se développera ensuite en se soutenant sur le coteau, passera à Frouard, et remontera ensuite le long de la rive gauche de la Meurthe.

Du point de partage entre la Meuse et l'Ornain à Bovée, jusqu'à Frouard; la longueur du tracé sera de 57 kilomètres, et la pente descendante à racheter par des écluses sera de 84m30, dont 36m40 entre le bief de partage et celui qui franchit la Meuse et se prolonge jusqu'au vallon de l'Ingressin.

De Frouard, le canal se dirigera sur Nancy, et passera sur la rive opposée, à deux lieues et demie au-dessus de cette ville, il gagnera la vallée de Sanon, qu'il suivra jusqu'au faîte de séparation entre les bassins de la Moselle et de la Sarre, et les étangs de Réchicourt et de Gondrexanges. Une coupure de 13m10 de plus grande profondeur suffira pour franchir ce faîte. Le canal sera tracé ensuite de niveau, il franchira le vallon du ruisseau de Hattigny, celui de la Sarre, franchira par une coupure peu profonde le faîte secondaire entre le vallon de la Sarre et celui de la Bièvre, traversera ce dernier, et gagnera de même le vallon du ruisseau de Niderviller, et remontant un petit affluent de ce ruisseau, il viendra passer sous le faîte entre la Sarre et la Zorn affluent du Rhin, entre Homarting et Erschviller (1). Il se trouvera en ce point en deux parties 2,960 mètres de longueur de souterrain; on remarquera que le bief de partage s'étendra depuis le sommet du vallon du Sanon jusqu'à Erschviller sur une longueur de 28 kilomètres, et

(1) L'ingénieur militaire Lafitte Clavé, chargé par Louis XVI, en 1783, de faire une reconnaissance pour le tracé d'un canal entre la Moselle et le Rhin, avait indiqué pour le point de partage, entre la Sarre et la Zorn, le col de Hommert, placé à deux lieues au midi de celui que nous indiquons. La théorie nous a dirigé sur celui qui est placé entre Homarting et Erschviller, et depuis les nivellements ont confirmé ce choix, en établissant que le canal pouvait y être établi 28 mètres plus bas qu'à Hommert.

et qu'il sera alimenté abondamment par les cours d'eau qu'il rencontre et avec de très courtes rigoles. De Frouard à l'origine de ce même bief de partage, la distance sera de 66 kilomètres, et la pente à racheter de $69^{m}50$.

Le canal descendra d'Erschviller à la vallée de la Zorn, passera à Saverne, et arrivé vis-à-vis du bourg de Brumath, il se détournera au sud pour arriver à Strasbourg dans la rivière d'Ill, à sa sortie de l'enceinte de cette ville. La distance de l'extrémité occidentale du bief de partage placée à Erschviller jusqu'à Strasbourg est de 64 kilomètres, et la pente de 129 mètres.

En totalité, la longueur du canal à ouvrir de la Seine jusqu'à Strasbourg sera de 517 kilomètres, dont 11,900 mètres en souterrain; la somme des pentes à racheter par des écluses sera de $539^{m}56$.

D'après l'estimation détaillée que j'en ai faite, la dépense de la construction de ce canal, depuis Saint-Maur près Paris jusqu'à Strasbourg, serait de 67,500,000 fr.

IVe LIGNE,

DE PARIS A MARSEILLE.

La communication de Paris à Marseille s'établira par la Seine, l'Yonne, le canal de Bourgogne qui joint l'Yonne à la Saône, la Saône, le Rhône, et enfin un canal à ouvrir du Rhône à Marseille.

L'Yonne a besoin de perfectionnements entre son embouchure dans la Seine et Brinon, où commence le canal de Bourgogne; on s'occupe dans ce moment d'en dresser les projets.

Le canal de Bourgogne s'exécute; sa longueur doit être de 243 kilomètres, et la somme des pentes à racheter est de 492 mètres. Le point de partage placé à Pouilly n'appartenant pas à une dépression du faîte indiquée par des cours d'eau de quelque étendue, se trouve très élevé, quoiqu'on y forme un souterrain de 3,000 mètres de longueur, et on ne peut y amener qu'une faible quantité d'eau de sources; on y suppléera par des réservoirs que la nature argileuse du sol permet heureusement de former dans quelques vallons voisins.

La navigation de la Saône, quoique bonne généralement, réclame quelques perfectionnements dont on s'occupera sans doute avant peu.

La navigation du Rhône offre de grandes difficultés, surtout à la remonte. Un projet a été étudié récemment pour lui substituer un canal latéral que la comparaison des obstacles qui se rencontrent sur les deux rives a déterminé à placer sur la rive gauche, d'après le projet fait avec beaucoup de soin par M. Cavenne, aidé de quelques collaborateurs (1); ce canal aurait jusqu'à Arles, sur 280 kilomètres de longueur, 161 mètres de pente. Les principales difficultés de son exécution consistent à franchir par des ponts-aqueducs les affluents du Rhône qu'il rencontre, parmi lesquels se trouve l'Isère, la Drôme et la Durance; la dépense en est évaluée à la somme de 35,500,000 fr.

D'Arles au port de Bone, un canal est en cours d'exécution pour suppléer à la navigation du Rhône, ordinairement pénible à son embouchure.

Mais si l'on juge utile que la navigation se prolonge jusqu'à Marseille, sans emprunter la mer, il faudra ouvrir un canal dirigé sur cette ville, et partant soit près de Tarascon, soit des environs du port de Bouc. La première direction a été proposée par Floquet il y a quatre-vingts ans.

La seconde serait moins dispendieuse, mais son exécution se lierait, comme celle de la précédente, à l'ouverture d'un grand canal d'arrosage, qui, dérivé de la Durance près du rocher de Canteperdix sur le territoire de Jouques, parcourrait une grande partie du département des Bouches-du-Rhône, et se dirigerait enfin sur Marseille.

En admettant comme préalable la création de ce grand canal d'irrigation, nous pensons que des environs de Bouc un canal de navigation pourrait suivre la rive méridionale des étangs de Berre et de Mariguane, remonter le vallon du Merlançon jusque près de Pesmes, d'où l'on passerait par un souterrain au vallon qui descend de Septèmes sur Marseille, et par lequel on arriverait à cette ville. La longueur du souterrain et la hauteur du bief de partage au-dessus de la mer sont deux éléments de dépense tels, que si l'un augmente l'autre diminue. Nous présumons toutefois qu'en faisant le souterrain de 5,000 mètres de longueur, la somme des pentes à racheter par des écluses ne serait pas de

(1) MM. Kémaingant, Montluisant, Bouvier, Vinard, Livache, Letocart, Josserand et Caristie.

plus de 180 mètres; la longueur totale du canal serait de 47 kilomètres.

Ve LIGNE,

DE PARIS A LA LOIRE SUPÉRIEURE.

Cette ligne de navigation est placée dans la première classe, à cause de l'importance dont elle est pour faire arriver à Paris tous les produits des provinces du centre de la France.

Elle est déjà établie par la Seine et les canaux de Montargis et de Briare.

Mais il est essentiel de suppléer à la navigation imparfaite dans la partie supérieure de la Loire, en ouvrant un canal latéral à ce fleuve, depuis Briare jusqu'à Digoin, embouchure du canal de Charolais ou du Centre et de Digoin à Roanne, suivant le projet qui en a été fait il y a plusieurs années; sa longueur serait de 195 kilomètres, et la pente de Digoin à Briare est de 101 mètres. Les principales difficultés naissent de ce que ce canal ne peut être ouvert que sur la rive gauche de la Loire, qu'il faudra créer les moyens de le faire communiquer d'une manière sûre et constante avec les canaux du Centre et de Briare, et qu'on aura de plus à lui faire franchir l'Allier près de son embouchure dans la Loire.

De Digoin à Roanne le projet de canal n'est pas encore terminé; la distance serait de 55 kilomètres, et la pente est évaluée à 50 mètres.

VIe LIGNE,

DE PARIS A BORDEAUX.

Cette ligne se composera d'un canal de Paris à la Loire inférieure, près de Tours, d'une partie de la Loire, d'un canal qui suivra la Vienne et le Clain, et joindra ces rivières à la Charente; et enfin d'une communication de la Charente à la Dordogne, à l'aide de laquelle on arrivera à Bordeaux.

1re PARTIE,

De Paris à la Loire inférieure.

J'exposerai quelques considérations préliminaires propres à faire concevoir la possibilité d'une communication directe entre Paris et la Loire inférieure.

Recherche du point le plus bas du faîte entre la Seine et la Loire.

Le faîte qui sépare les affluents de la Loire de ceux de la Seine, depuis les limites septentrionales du département de la Nièvre jusqu'au département de l'Orne, près de Mortagne, considéré dans son ensemble, offre un grand arc concave, dont le milieu et le point le plus bas est à peu près au nord d'Orléans. Ce point serait le plus favorable à l'établissement d'un bief de partage, s'il était facile d'y faire arriver l'eau nécessaire à son entretien; mais l'arc concave auquel il appartient étant très ample, n'a que très peu de courbure, et par conséquent se confond presque avec une ligne horizontale sur une assez grande étendue de part et d'autre de son point le plus bas; il ne se trouve donc à proximité de ce point aucune hauteur donnant naissance à des cours d'eau supérieurs qu'on puisse y dériver; aussi le bief de partage du canal d'Orléans au Loing, quoique creusé profondément, n'est-il alimenté que par des eaux prises très près des sources et amenées par des rigoles presque sans pente, et par les produits éventuels des pluies recueillies dans des étangs; le canal projeté à diverses reprises, d'Orléans à la rivière d'Essonne, devait être entretenu par des ressources aussi précaires, et l'on ne pourrait remédier à cet inconvénient résultant des formes du pays, qu'en allant chercher à quinze ou dix-huit lieues les eaux des rivières voisines des extrémités de l'arc du faîte que nous considérons.

Inconvénient qu'offre la position de ce point.

Moyens d'y remédier.

C'est près de l'une de ces extrémités qu'est placé le bief de partage du canal de Briare; le terrain y présente une pente sensible du sud-est au nord-ouest, et l'on a pu sans de grands frais y conduire les eaux de la partie supérieure de la rivière de Loing.

Près de l'autre extrémité du même arc, les directions opposées du Loir affluent de la Loire, et de l'Eure affluent de la Seine, indiquent d'une manière assez sûre, d'après les principes que nous avons posés, la place d'un point de partage, à peu près au même niveau que celui du canal de Briare, qui serait situé entre Chartres et Bonneval, et entretenu par des eaux de l'Eure et du Loir dont les cours supérieurs sont inclinés de l'ouest vers l'est. Dans cette partie, le faîte forme une inflexion secondaire légèrement indiquée par les cours éloignés de la Voise et de la Conniepalue; mais la faible contre-pente que le terrain peut avoir à l'est de la ligne de Chartres à Bonneval laisse tout lieu de présumer qu'il serait possible, sans faire un trop grand détour, de conduire les eaux de l'Eure du point de partage entre Chartres et Bonneval jusqu'à celui qu'on pourrait adopter au nord d'Orléans; on alimenterait ainsi parfaitement un canal de communication de cette ville à la petite rivière d'Essonne, un des affluents de la Seine. Des études faites nouvellement font présumer aux ingénieurs qui s'en sont occupés que l'on pourra alimenter suffisamment le bief de partage par des réservoirs que la nature du sol permet de multiplier dans la forêt d'Orléans et aux environs. Mais l'on peut concevoir quelques inquiétudes pour une navigation destinée à devenir très active, et qui n'a que des ressources toujours incertaines.

Ce canal, au surplus, aurait 112 kilomètres de longueur; un point de partage, placé à quatre lieues au nord-ouest d'Orléans, serait élevé de 24 mètres environ au-dessus de la Loire, et de 58 mètres au-dessus de la Seine, à l'embouchure de l'Essonne à Corbeil.

Tracé qui serait le plus convenable si l'on n'avait pas créé déjà des moyens de communication de Paris à la Loire.

Certainement si les canaux de Loing, de Briare et d'Orléans n'existaient pas, on ne pourrait pas hésiter à ouvrir cette voie navigable, qui, liant par la ligne la plus courte Paris à la Loire, desservirait également le cours supérieur et le cours inférieur de ce fleuve. Mais, en considérant ce qui existe, je pense qu'on peut mettre en balance un tracé dirigé de Paris sur la Loire inférieure, qui, à l'avantage d'abréger sensiblement le trajet, joint celui de déboucher à la Loire dans un point où ce fleuve offre un cours plus régulier et une plus grande hauteur d'eau.

Détail du tracé que l'on propose dans l'état actuel.

L'on sait par les nivellements de Lahire et de Picard, faits sous le règne de Louis XIV, que l'Eure à Pontgouin est à 36 mètres au-dessus du rez-de-chaussée du château de Versailles, et à 151 mètres au-dessus des basses eaux de la Seine à Paris. Nous avons déjà remarqué que l'on peut réunir dans un bief de partage placé entre Chartres et Bonneval, un peu au sud de Thivars, les eaux des parties supérieures du Loir et de l'Eure, et l'on doit en conclure que ce bief de partage ne serait pas inférieur à Versailles et à la ligne de hauteur où prennent naissance les petites rivières au sud de Paris, telles que l'Orge, l'Yvette et la Bièvre. Le pays compris entre Bonneval, Chartres, Étampes et Dourdan, n'offrant en général que de très grandes plaines presque sans aucun mouvement de terrain, on estime qu'on pourra sans difficulté y tracer un canal établi au même niveau que le bief de partage dont on vient de parler, et dirigé de manière à gagner le sommet d'un des petits affluents de la Seine au-dessus de Paris.

Le premier qui se présente est l'Orge, et en dirigeant le canal sur le sommet de la vallée où coule cette rivière, on pourra sans peine le conduire jusqu'à la Seine, au-dessous de Juvisy.

Ainsi je propose d'essayer le tracé de ce canal ainsi qu'il suit:

Le point de départ de la Seine sera placé sous Juvisy, près de l'embouchure de la petite rivière d'Orge; il remontera la vallée de l'Orge, en passant près d'Arpajon et de Dourdan, jusqu'au-dessus de Saint-Martin-de-Bretucourt; de là il se soutiendra de niveau dans toute la plaine de la Beauce, depuis les environs d'Ablis jusqu'au sud de Thivars et au nord de Boncé, en suivant par Boinville, Garancières, Maison, Prunay-le-Gillon, jusqu'au sud de Thivars.

Le bassin de partage comprendra toute cette étendue, et de son extrémité une branche de canal descendra sur l'Eure, près de Vert; et une autre branche, formant la continuation du canal principal venant de Paris, se dirigera sur Bonneval et suivra la vallée du Loir.

Une rigole de 27 kilomètres de longueur ira chercher les eaux de l'Eure au-dessus de Courville, et les amènera au bief de partage; une autre rigole de 32 kilomètres de développement pourra aller prendre celles du Loir au-dessous d'Illiers. On réunirait ainsi les eaux d'environ trente lieues superficielles de terrain.

Le canal, entre Paris et le point de partage au sud de Thivars, aurait 109 kilomètres de longueur et 120 mètres de pente.

En descendant la vallée du Loir, il pourra emprunter le lit de cette rivière, qui paraît susceptible d'être assez facilement rendue navigable. Dans ce système on aura jusqu'à Vaas, où commence actuellement la navigation, 190 kilomètres de canal à ouvrir et à livrer au passage des barques, et une pente de 105 mètres environ.

On pourrait suivre ensuite le Loir jusqu'à la Sarthe et à la Mayenne, et gagner la Loire au-dessous d'Angers. Mais pour abréger le chemin de Paris à Bordeaux, il sera convenable d'essayer de joindre la rivière du Loir à la Loire par un canal qui se rapproche de l'embouchure de la Vienne dans ce fleuve. La direction qui paraît la plus favorable est celle que déterminent les deux petites rivières de Meaulne et du Doigt, dont la première se verse dans le Loir, au-dessus du Lude, et dont la seconde débouche dans l'Authion, d'où il est facile de passer à la Loire à deux lieues au-dessus de l'embouchure de la Vienne.

Le point de partage serait placé aux étangs d'Hommes et de Rillé, et réunirait aux eaux qu'ils reçoivent celles des ruisseaux de la Meaulne et de la Fare.

L'on présume qu'on pourrait avoir à ouvrir un souterrain de 3,000 mètres sous Charmay, dans un terrain où l'on croit que ce genre de travail offrirait peu de difficulté.

La longueur du canal à ouvrir du Loir à la Loire serait de 47 kilomètres, y compris 3,000 mètres de souterrain; la hauteur à franchir par des écluses pourrait être de 22 mètres dans un sens, et de 20 mètres dans l'autre; le point de partage pourrait exiger 20 kilomètres de rigoles, dont 1,500 mètres en souterrain.

En résumé, la communication de Paris à la Loire, près de l'embouchure de la Vienne, comporterait 346 kilomètres de navigation, dont 176 en lit de rivière à rendre navigable, et 3,000 mètres en souterrain; 277 mètres de hauteur à franchir, et enfin 79 kilomètres de longueur de rigoles pour alimenter deux points de partage, y compris 1,500 mètres de longueur de rigoles en souterrain. Cette communication offrirait de plus l'avantage de donner naissance à divers rameaux de navigation secondaire, qui se dirigeraient sur les départements de l'Eure, de l'Orne, de la Sarthe et de Maine-et-Loire.

2e PARTIE.

De la Loire à Bordeaux.

La direction qui paraît la plus convenable pour établir la communication de la Loire à Bordeaux, consiste à gagner d'abord la Charente, et à lier ensuite la Charente à la Dordogne.

Pour former la jonction de la Loire à la Charente, on suivra la Vienne et le Clain.

On pourra couper par une partie de canal la langue de terre qui se prolonge entre la Loire et la Vienne. Cette coupure commencera sur la rive gauche de la Loire, à neuf lieues au-dessous de Tours, et se dirigera de manière à gagner la Vienne à une demi-lieue au-dessous de Chinon; elle aura 9 kilomètres de longueur, sera de niveau dans toute son étendue, mais elle exigera une écluse de garde à chacune de ses extrémités.

La navigation suivra le lit de la Vienne jusqu'à l'embouchure de la Creuse; au-dessus de ce point commencera le canal, qui sera placé sur la rive gauche de la Vienne, et du Clain jusqu'à Poitiers, et de là jusqu'à deux lieues au-dessus de Vivonne. A ce dernier point il prendra la vallée de la petite rivière de Bouleur, qu'il remontera jusqu'au village de Vaux en Cormy; puis il suivra un petit vallon qui vient du sud, et se dirigera de manière à couper le faîte entre la Loire et la Charente, à une demi-lieue au midi du village de Romagne, et à rejoindre un vallon qui, réuni un peu plus loin à un autre vallon descendant des villages de Saint-Romain et de Champniers, porte ses eaux à la Charente, à une demi-lieue à l'ouest de Civray : peut-être un souterrain de 3,500 mètres sera-t-il nécessaire au point de partage.

Le point de partage, placé près du village de Romagne, sera alimenté d'une part par une rigole qui prendra les eaux de la rivière de Bouleur, près de Brux; et d'autre part, par une rigole qui prendra celles du Clain, près de Jousse. Ces rigoles auront 44 kilomètres de développement, et pourront réunir les eaux d'environ quatorze lieues carrées de pays; la dernière pourra exiger un percement de 2,000 mètres.

La longueur de canal à ouvrir, depuis l'embouchure de la Creuse dans la Vienne jusqu'au point de partage qu'on vient d'indiquer, sera de 102 kilomètres, et on estime la pente à 107 mètres. Du point de partage à la Charente, la distance sera de 9 kilomètres, et la pente présumée de 25 mètres.

En descendant du point de partage le canal joindra la vallée de la Charente, à une demi-lieue au-dessous de Civray; mais son tracé général, dans la traversée du bassin de la Charente, dépend de la ligne qu'on adoptera pour ouvrir la communication de ce fleuve à la Garonne.

Le faîte entre la Charente et la Dordogne, depuis les limites du département de la Haute-Vienne jusqu'au département de la Charente-Inférieure, au sud de Barbesieux, ne présente aucun point qui réunisse tous les avantages désirables pour y établir le bief de partage. On peut ouvrir une communication souterraine entre la Nizonne, un des affluents de la Dronne, et par conséquent de l'Isle et de la Dordogne, et le Bandiat, dont la vallée, quoique les eaux paraissent s'y perdre, doit être regardée comme se versant à la Charente; le souterrain serait placé entre Saint-Martial, près de Nontron, et Saint-Front-de-Champniers. On peut essayer de passer du Bandiat, à peu de distance de Marton, à la Nizonne, aux environs de la Rochebeaucourt, en profitant de diverses petites vallées dont les sommets se rapprochent près de Charas, et l'on aurait dans cette direction un souterrain beaucoup moins long que dans la précédente; mais le tracé des rigoles serait beaucoup plus difficile. Une autre direction à essayer consisterait à suivre la Charente de Civray jusqu'à l'embouchure de la Touvre, et de remonter ensuite la vallée de cette rivière jusqu'à une lieue au sud de Cers, et de là gagner le vallon du ruisseau de Rougnac, qui tombe dans la Nizonne, au-dessous de la Rochebeaucourt. Le tracé des rigoles nécessaires pour l'entretien du point de partage placé entre Rougnac et Cers, à une demi-lieue à l'est de Beaulieu, offrirait encore de grandes difficultés.

La direction que je vais proposer me paraît préférable sous le rapport de l'économie et de la moindre élévation du point de partage.

Des environs de Civray le canal suivrait la droite de la vallée de la Charente jusque sous Angoulême, sur une longueur de 109 kilomètres et une pente qu'on estime à 105 mètres. A partir de ce point, la navigation se fera dans le lit de cette rivière jusqu'à Monac. De là le canal se détachera de la Charente par la rive gauche, remontera le vallon de l'étang de Vélude, près de Saint-Estèphe, et suivra la gorge de ce ruisseau et la plaine au-dessus, en se dirigeant sur Jurignac; la hauteur sur laquelle ce dernier village est placé sera percée par un souterrain de 3,000 mètres de longueur, passant un peu à l'ouest de Jurignac. On gagnera ainsi la vallée du hameau du Petit-Maine, et au-delà du souterrain le canal se soutiendra sur le coteau, passera près de la Diville, d'Aubeville, de Pereuil, en remontant la vallée de la rivière d'Arce, qu'il suivra jusque auprès de Nonac; de là on le dirigera par le vallon au sud-ouest de Nonac, pour passer dans un autre vallon qui lui est opposé au sommet, et qui se dirige sur Courgeas et sur la rivière de la Tude, un des affluents de la Dronne. Le bief de partage qu'on présume pouvoir être creusé à ciel ouvert sera alimenté d'un côté par les eaux de l'Arce, prises à une demi-lieue au-dessus de Nonac, et celles du ruisseau de Blanzac, prises à une lieue plus haut que cette commune; de l'autre côté, par celles du ruisseau de Saint-Martial et celles de la Tude, prises entre Montmoreau et Saint-Cybard; les rigoles qui les recueilleront auront 39 kilomètres de développement, et réuniront les eaux de dix lieues carrées de pays. Si ces ressources ne suffisaient pas, on pense qu'on pourrait les augmenter par une dérivation de la Nizonne, prise au-dessus de la Rochebeaucourt. La rigole qui l'amènerait, et dont le développement serait d'environ 53 kilomètres, recueillerait aussi les eaux des ruisseaux du Peyrat et de Roncenac, et traverserait au sud-ouest de Vaux, par une galerie souterraine de 2,000 mètres de longueur, le faîte entre la Nizonne et la Tude, pour venir rejoindre cette dernière au-dessus de Montmoreau. La longueur du canal à ouvrir depuis la Charente jusqu'au point de partage sera de 32 kilomètres sur une pente évaluée à 72 mètres.

De ce dernier point le canal gagnera la rive droite de la Dronne en descendant la vallée de la Tude; il suivra la droite de la Dronne et celle de l'Isle jusqu'à l'embouchure de cette dernière rivière près de Libourne. La longueur de cette partie du canal sera de 87 kilomètres, et sa pente est évaluée à 95 mètres.

En résumé la communication de la Loire à la Dordogne comporte :

339 kilomètres de canal à ciel ouvert, et 6,500 mètres de longueur de souterrain;

409 mètres de hauteur à franchir par des écluses, soit dans un sens, soit dans l'autre;

Et 135 kilomètres de longueur de rigoles ponr alimenter les points de partage, y compris 2,000 mètres en galerie souterraine.

La Dordogne étant parfaitement navigable au-dessous de Libourne, l'on pourra sans difficulté gagner Bordeaux en doublant le Bec-d'Ambez. Cependant l'on jugera peut-être convenable d'épargner près de cinq lieues sur ce détour par une coupure qui, prenant des eaux de la Dordogne au-dessus du pont de Cubsac et au sud-est de la route de Paris à Bordeaux, contournerait les coteaux qui séparent les deux fleuves et retomberait dans la Garonne au-dessus du village de Saint-Louis-le-Montferrand, elle aurait 8 kilomètres de longueur avec une faible différence de niveau entre ses extrémités, mais elle exigerait toujours deux écluses de garde.

VIIe LIGNE,

DE PARIS A LA ROCHELLE.

La communication navigable de Paris à la Rochelle s'établira en suivant la ligne de Paris à Bordeaux jusqu'à Vivonne, petite ville sur le Clain à cinq lieues au-dessus de Poitiers. A ce point, le canal dirigé vers la Rochelle se détachera de celui qui conduira à Bordeaux, et suivra la droite de la petite rivière de Vonne, qu'il remontera jusqu'à une demi-lieue au-dessus de Jazeneuil. Là, il entrera dans le vallon du ruisseau de Saint-Germier, et, du sommet de ce vallon, il se dirigera vers le sud-ouest pour gagner le vallon du ruisseau de Soudan, qui se jette dans la Sèvre Niortaise au-dessus de Saint-Maixent. On pense qu'il sera nécessaire d'ouvrir le bief de partage en souterrain sur 6,000 mètres de longueur entre les vallons de Soudan et de Saint-Germier. Il pourra être alimenté par trois rigoles; l'une amènera les eaux du ruisseau de Chante-Corps et celles de la Vonne prises à une demi-lieue au-dessus de Ménilgoutte : on pourra l'abréger par une galerie souterraine de 1,000 mètres au sud-ouest de Sanxay; une seconde rigole ira prendre les eaux de Vermye et de Saint-Lin au-dessous de Clavé, et l'on pense que pour diminuer son développement, il pourra être fait une coupure à l'ouest d'Exireuil; la troisième enfin prendra, s'il est possible, les eaux du ruisseau de Bougon et celles de la Sèvre au-dessus de la Mothe-Saint-Héray. Ces trois rigoles auront ensemble 56 kilomètres de longueur développée, y compris la partie souterraine indiquée ci-dessus; elles réuniraient les eaux de quinze lieues carrées de pays.

Du point de partage situé à deux lieues à l'est de Saint-Maixent, le canal suivra latéralement la Sèvre Niortaise jusqu'à Niort.

La navigation se fera plus loin par le lit de la Sèvre jusqu'à Marans, et de Marans à la Rochelle par un canal en partie souterrain; ces travaux étant projetés et entrepris depuis long-temps, il est inutile de s'en occuper ici.

La longueur du canal depuis Vivonne jusqu'au souterrain du bief de partage sera de 28 kilomètres sur une pente qu'on estime être de 60 mètres; du même souterrain jusqu'à Niort, la longueur du canal sera de 42 kilomètres et la pente de ce côté est évaluée à 130 mètres.

VIIIe LIGNE,

DE PARIS A NANTES ET A BREST.

La communication de Paris à Nantes aura lieu aussi directement qu'on puisse le désirer par le canal proposé ci-dessus, soit de Paris à Tours, soit de Paris à Orléans par l'Essonne, l'un ou l'autre devant faire partie de la ligne de Paris à Bordeaux, et ensuite par la Loire.

Nous remarquerons qu'on a proposé de créer un canal latéral à la Loire tout du long de son cours, de Briare jusqu'aux environs de Nantes, pour faire suite à celui qu'on exécute de Digoin à Briare; d'une autre part, on a projeté d'améliorer le lit de cette rivière dans la même étendue par des ouvrages propres à en réunir les eaux pendant l'été. Des essais s'exécutent pour s'assurer des résultats qu'on peut espérer de ce dernier système, qui, s'il est suffisant, offrirait l'avantage de l'économie.

Au-dessous de Nantes on doit diminuer le nombre des bras du fleuve de manière à assurer aux bâtiments de mer un chenal de 4 mètres de hauteur aux marées de mortes-eaux, de l'embouchure jusqu'à Nantes.

De Nantes à Brest la communication doit s'établir par l'Erdre, l'Isac, la Vilaine, l'Oust, le Blavet, le Doré, l'Hière et l'Aune. Nous ne nous arrêterons pas sur les projets des canaux qui doivent réunir ces rivières, l'étude en ayant été faite depuis long-temps, et les travaux étant actuellement en cours d'exécution.

On a adopté pour les sas d'écluses des canaux de Bretagne des dimensions différentes de celles de la plupart de nos autres canaux de l'intérieur. Cette disposition nous paraît de nature à faire naître quelques regrets.

IXe LIGNE,

DE BORDEAUX ET DE BAYONNE A MARSEILLE.

Cette communication existe de Bordeaux à Toulouse par la Garonne, mais elle a besoin de grandes améliorations, et l'on doit étudier en ce moment les moyens d'assurer constamment la navigation, soit en perfectionnant le lit de la rivière, soit en lui substituant un système de canaux latéraux.

Il paraît indispensable d'adopter ce dernier moyen de Toulouse jusqu'à l'embouchure du Tarn, et on a proposé de diriger dans cette partie la navigation de manière à la faire passer par Montauban, ce qui n'exigerait pas un point de partage, le faîte entre le Tarn et la Garonne se déprimant assez au nord de Castelnau et de Grisolles pour que le tracé, faisant suite au canal de Languedoc, et se soutenant à un niveau même inférieur à celui de la Garonne à Toulouse, puisse le franchir et entrer ainsi dans le bassin du Tarn, qu'il suivrait jusqu'à son embouchure. Soit qu'on prenne cette direction, ou qu'on trace le canal directement sur Moissac, on estime qu'on aura 55 mètres de pente à racheter par des écluses et une longueur de 70 ou 80 kilomètres.

La communication de Bayonne à Toulouse et à Bordeaux se fera par l'Adour, et un canal qui suivra les vallées de la Midouze, de la Douze, franchira par un souterrain au nord de Gabaret le faîte entre les bassins de l'Adour et de la Garonne, gagnera les vallées du Rhimbez et de la Gelize, pour se jeter dans la Bayse à Lavardac, et de là parvenir à la Garonne entre Port-Sainte-Marie et Aiguillon. Cette direction, qui a l'avantage d'établir d'une manière assez favorable la double communication de Bayonne avec Bordeaux et avec Toulouse, a été étudiée, et la dépense est évaluée à 16 millions.

De Toulouse jusqu'à Marseille la communication navigable dont nous nous occupons ici suit le canal du Midi, des Etangs et de Beaucaire; elle traversera le Rhône, et parviendra à Marseille par le canal dont nous avons parlé ci-dessus en traitant de la quatrième ligne de navigation, et qui liera cette ville avec le canal d'Arles à Bouc.

Xe LIGNE,

DE MARSEILLE A STRASBOURG.

La communication de Marseille à Strasbourg s'établit par le canal proposé de Marseille à Tarascon, ensuite par le Rhône jusqu'à Lyon, la Saône jusqu'au-dessus de Saint-Jean-de-Losne, où l'on prend le canal de Dôle; puis elle remonte le Doubs, et suit le canal de jonction de cette rivière avec l'Ill, qui conduit à Strasbourg et au Rhin. La partie de cette ligne de navigation de Marseille jusqu'à Saint-Jean-de-Losne est commune à la ligne de navigation n° 4, et nous n'avons rien à ajouter à ce qui a été dit précédemment relativement au canal de Marseille à Tarascon et à celui qu'on pourrait ouvrir le long du Rhône. Nous croyons également inutile de traiter du canal qui doit unir la Saône au Rhin par le Doubs et l'Ill; cette grande entreprise est en exécution depuis plusieurs années, et par conséquent parfaitement connue et appréciée sous le nom de canal Monsieur.

Je ne parle point d'une communication navigable de Lyon à Genève, parceque la vallée du Rhône offre des obstacles qu'on ne pourrait tenter d'éviter que par un canal à point de partage, dont l'essai ne paraît possible qu'en se reportant sur le pays situé à la gauche du fleuve, et qui n'appartient plus à la France.

XIe LIGNE,

DE BORDEAUX A BALE OU HUNINGUE.

Je pense que l'on peut chercher à établir cette ligne navigable, en remontant la vallée de la Dordogne et en la faisant communiquer à celle du Sioulet (1), par laquelle on arrive successivement à la Sioule, à l'Allier et à la Loire. De la Loire on communiquera à la Saône par le

(1) Rivière qui a son origine près d'Herment, passe au Pont-au-Mur, et se jette dans la Sioule au-dessus de Comps. Sur quelques cartes on l'appelle également la Sioule, mais je me conforme à la nomenclature des cartes des routes et de la navigation dressées par ordre de M. le directeur général des ponts et chaussées.

canal du Charolais ou du centre; on suivra ensuite jusqu'à Mulhausen le canal de jonction de cette rivière au Rhin par le Doubs et l'Ill dont nous avons parlé en traitant de la 10e ligne de navigation de Marseille à Strasbourg, et de là on prendra la branche de ce canal qui des environs de Mulhausen se dirige sur Huningue et sur Bâle.

Je vais entrer dans quelques détails sur les parties de cette grande communication qui n'existent pas encore même en projet.

La navigation de Bordeaux à Libourne a lieu par la Garonne et la Dordogne; nous avons remarqué à l'occasion de la 6e ligne de navigation, de Paris à Bordeaux, qu'on peut épargner par une coupure une grande partie du détour du Bec-d'Ambez.

De Libourne on remontera la Dordogne jusqu'au point où elle cesse d'offrir une navigation facile, point que nous supposerons se trouver à l'embouchure de la Vézère. De là le canal latéral commencera son cours en suivant la droite du même fleuve, dont il remontera la vallée jusqu'à l'embouchure de la petite rivière de Chavanoux, à quatre lieues au nord de Bort. Il continuera en suivant la vallée du Chavanoux jusqu'à une lieue au-dessus du village de la Roche. Là, il prendra un petit vallon au nord-nord-est pour se diriger sur le sommet d'un autre petit vallon à l'ouest du village de Vernugeot. On pense que pour traverser le faîte il faudra percer dans l'endroit où la crête est la plus étroite, un souterrain qui pourra avoir au plus 2,500 mètres de longueur.

Le bief de partage situé en ce point pourra être alimenté par quatre rigoles. Une d'elles dirigée au nord contournera la hauteur sur laquelle est Giat, et recueillera les eaux des deux ruisseaux entre lesquels elle est placée. Une seconde, dirigée à l'est, contournera également la hauteur sur laquelle est Herment, et amènera les eaux des ruisseaux de Saint-Germain et de Tortebesse; une troisième s'étendant au sud-ouest prendra les eaux des ruisseaux de Salesse et de Flayat à une lieue du bief de partage, et celles du ruisseau de Beth ou Miousette, à une demi-lieue au-dessous de ce village. Ces trois premières rigoles auront ensemble 61 kilomètres de développement, et réuniront les eaux de douze lieues carrées de pays. La quatrième, qu'on pourrait tracer au sud, recueillerait les eaux qui tombent des montagnes d'Auvergne dans le Chavanoux, et passant près du bourg Lastic, elle irait dériver à l'aide d'une coupure à une lieue à l'est du village de Meisseix, des eaux de la Dordogne, prises au-dessus de Saint-Sauve. Cette dernière rigole aurait à elle seule 65 kilomètres de développement, et pourrait amener au point de partage les eaux de près de dix lieues carrées de pays; mais il est probable qu'on pourrait s'en épargner la dépense, et que les trois premières seraient suffisantes.

La longueur du canal à ouvrir depuis la Vézère jusqu'au point de partage sera de 261 kilomètres, et l'on estime la pente à 349 mètres. La vallée de la Dordogne étant très resserrée en quelques endroits, on pense qu'on ne pourra pas se dispenser d'y établir sur divers points la navigation dans le lit même de la rivière, au moyen de barrages et d'écluses submersibles, ainsi qu'on l'a pratiqué sur le Doubs. Cette observation s'applique également à la partie du canal dont nous allons parler, et qui doit être ouverte dans la vallée du Sioulet ou de la Sioule.

Du point de partage, le canal descendra dans la vallée du Sioulet, et de là dans celle de la Sioule, qu'il suivra sur la rive droite autant qu'on le pourra; il sera ainsi continué jusqu'à deux lieues au-dessous d'Ebreuil. On pourrait descendre toujours le long de la Sioule, et ensuite le long de l'Allier jusqu'à sa réunion à la Loire, qu'on remonterait jusqu'à Digoin; mais je crois qu'il est possible d'arriver à ce dernier point en abrégeant le chemin de près de trente lieues par la direction que je vais indiquer.

Arrivé le long de la Sioule, à deux lieues au-dessous d'Ebreuil, le canal sera soutenu sur le coteau à droite de la Sioule, pour être dérivé dans le vallon de la rivière d'Andelot. On passera sur la droite de cette dernière, qu'on suivra jusqu'à l'Allier un peu au-dessus du point où elle y prend son embouchure.

La longueur du canal, depuis le point de partage entre la Dordogne et la Sioule jusqu'à l'Allier par le chemin que nous venons de tracer, est de 116 kilomètres sur une pente qu'on estime de 174 mètres.

On traversera l'Allier, et l'on reprendra immédiatement la gauche du ruisseau de Valaçon, qui passe à Varennes, et on le remontera jusqu'à son sommet, au sud et près du village de Cindré. Là il y aura un nouveau point de partage et peut-être un souterrain de 1,000 mètres au plus. Le canal entrera ainsi dans la vallée de la Bèbre, et il y descendra par une suite de biefs convenablement distribués sur le coteau à gauche de cette rivière, dont il suivra la même rive jusqu'à Dompierre; près de cette ville, il traversera la Bèbre pour venir rejoindre le canal latéral le long de la Loire, lequel remontera jusqu'à Digoin, et qui fait partie de la cinquième ligne de navigation de Paris à la Loire supérieure.

Le point de partage placé près de Cindré sera alimenté par trois rigoles: la première ira prendre les eaux de la Bèbre au-dessus de la Palisse; une seconde recueillera les eaux des ruisseaux de Montaigu et de Ciernat, et la troisième amènera celles du ruisseau de Treteaux. Ces trois rigoles auront ensemble 35 kilomètres de développement, et réuniront les eaux d'environ 14 lieues carrées de pays.

Le canal à ouvrir depuis l'Allier jusqu'au point de partage près de Cindré, aurait de longueur 16 kilomètres, et 32 kilomètres du point de partage jusqu'à la Loire. La pente de l'Allier à Cindré est évaluée à 24 mètres, et celle de Cindré à l'embouchure de la Bèbre à 54 mètres.

En résumé, la communication de Bordeaux à la Haute-Loire présentera 425 kilomètres de canal à ouvrir, dont 2,600 mètres en deux parties souterraines, 601 mètres pour la somme des pentes en différents sens à racheter par des écluses, et 161 mètres de longueur de rigoles pour desservir les points de partage.

Les difficultés que peuvent offrir à l'assiette du canal les vallées de la Dordogne et du Sioulet, surtout dans leurs parties supérieures, et le grand nombre d'écluses peuvent rendre l'exécution de ce canal dispendieuse, et sa navigation lente et pénible. L'importance de cette ligne de communication pour les provinces centrales de la France devra du moins appeler l'attention sur la possibilité d'y remplacer la navigation par un chemin de fer, et la direction que nous indiquons est précisément celle que devrait affecter un chemin de ce genre.

De Digoin sur la Loire on passera à la Saône par le canal du Charolais. Peut-être jugera-t-on convenable d'ouvrir une nouvelle branche de canal qui de Chagny continuerait à suivre la Dheune pour rejoindre la Saône au-dessous de Verdun, ou mieux encore à une lieue et demie au-dessus de ce point, en soutenant le canal sur la gauche de la Dheune, au-dessous de Grange, pour traverser la Vandenne et le Meuzin par des ponts-aqueducs, et gagner à l'est de Palleau un vallon qui verse ses eaux dans le ruisseau de l'Abergement, à peu de distance de son embouchure dans la Saône, au-dessus du village d'Ecuelle. Cette branche de canal ainsi tracée aurait 29 kilomètres de longueur avec une pente de 48 mètres à racheter par des écluses; elle épargnerait cinq lieues sur le détour qu'on aurait à faire en passant de Chagny à Châlons pour remonter jusqu'au-dessus de Verdun.

On suivra ensuite la Saône jusqu'à Saint-Symphorien, à une lieue au-dessus de Saint-Jean-de-Losne; là on prendra le canal de Dôle, et plus loin le canal de jonction du Doubs à l'Ill, qu'on suivra jusqu'au nord-est de Mulhausen, d'où l'on se dirigera sur Bâle. Cette dernière partie de la ligne navigable de Bordeaux à Bâle est déjà en exécution, et en conséquence nous n'avons rien à en dire.

XIIe LIGNE,
DE HUNINGUE A NANTES.

Cette communication a pour objet spécial de faciliter les rapports entre l'est de la France et la Loire inférieure.

Le canal du Rhin à la Saône par l'Ill et le Doubs, et le canal de Bourgogne conduisent de l'est de la France à l'Yonne, à deux lieues au-dessus de Joigny. Je propose de lier l'Yonne à la communication déjà ouverte entre Montargis et Orléans par un canal à point de partage. Après avoir gagné la Loire à Orléans, on suivra ce fleuve jusqu'à Nantes. La jonction proposée de l'Yonne au canal de Montargis épargnera, pour la ligne navigable de l'est de la France à Nantes, 16 lieues de détour qu'on aurait à faire en suivant l'Yonne et la Seine jusqu'à Moret, pour venir prendre le canal du Loing à son embouchure.

Nous nous bornerons à quelques détails sur la jonction de l'Yonne au canal de Montargis.

Le canal à ouvrir partira de l'Yonne, à l'embouchure du Vrin, près de Césy; il suivra la gauche de la vallée du Vrin et la remontera jusqu'au-dessus de Scépaux. De là il entrera dans une gorge assez courte à l'ouest de Saint-Romain, pour s'élever jusqu'au bief de partage qui sera placé entre cette gorge et le sommet du ruisseau de Chevillon. Le canal devra couper le coteau obliquement autant qu'on le pourra pour faciliter la distribution des écluses. Le point de partage sera alimenté par une rigole de 35 kilomètres de longueur qui prendra les caux de la rivière d'Ouanne au-dessous de Saint-Denis, et celles des ruisseaux de Tannerre et de Champignelles à leur jonction; et qui réunira ainsi les eaux de plus de 25 lieues carrées de pays.

A partir du point de partage, le canal suivra la droite du ruisseau de Chevillon, puis la rivière d'Ouanne, qu'il traversera au-dessous de Saint-Germain. On lui fera franchir ensuite la rivière de Loing pour rejoindre le canal de Briare à Montargis, au-dessus de Conflans. On descendra de là le canal de Montargis jusqu'à une lieue au-dessous de cette ville, où l'on prendra le canal d'Orléans.

La longueur du canal à ouvrir de l'Yonne jusqu'au point de partage sera de 16 kilomètres, avec une pente qu'on estime de 36 mètres; du point de partage au canal de Briare, la longueur du canal sera de 33 kilomètres, et l'on estime la pente à 52 mètres.

XIII°,

NAVIGATION DE LA SOMME.

Le canal de la Somme ayant pour objet spécial de donner des moyens de débouché à une province particulière, paraîtrait devoir se ranger parmi les canaux de deuxième classe; mais comme il est projeté et en partie exécuté sur les dimensions des canaux de première classe, il me semble naturel de le mettre au même rang.

XIV°,

CANAUX DES DÉPARTEMENTS DU PAS-DE-CALAIS ET DU NORD.

L'observation que nous venons de faire relativement au canal de la Somme, s'applique à ceux qui forment les communications existantes entre l'Escaut, la Scarpe, la Lys et l'Aa, et qui lient entre elles les principales villes des départements du Nord et du Pas-de-Calais.

D'ailleurs cette partie du royaume a déjà acquis un degré de richesse et de prospérité tel, que des canaux de dimensions secondaires ne suffiraient peut-être pas à ses besoins.

Je crois inutile d'entrer dans des détails sur les divers canaux qui composent la treizième et quatorzième division de la navigation intérieure de premier ordre. Ils existent pour la plupart depuis long-temps, et ce qui est à faire est déjà projeté et même entrepris.

Nous bornerons ici l'indication des canaux qui nous paraissent devoir former avec nos principales rivières l'ensemble de la navigation intérieure de premier ordre de la France.

Si nous possédions encore la Belgique et les départements de la rive gauche du Rhin, j'ajouterais à ce qui précède :

1° Un canal de premier ordre de Paris à la Meuse, soit par l'Oise, le Noirieu et la Sambre, soit par l'Aisne et la Bar;

2° Le canal du Nord, projeté en 1808, et commencé les années suivantes, pour unir le Rhin à la Meuse et la Meuse à l'Escaut, de Dusseldorf à Anvers;

3° Les principaux canaux de la Flandre et du Brabant. Mais ces derniers, non plus que le canal du Nord, ne sont plus sur notre territoire; et quant à la ligne navigable de Paris à la Meuse, depuis que la plus belle partie du cours de ce fleuve a cessé de nous appartenir, elle n'est plus, ce me semble, pour nous que d'un intérêt secondaire, et doit se ranger en conséquence parmi les canaux de seconde classe.

Enfin il serait peut-être d'une haute utilité, sous les rapports militaires, de lier par une ligne navigable les places principales de nos frontières de l'est, du nord-est et du nord. Mais quelle qu'en soit l'importance, cette navigation me semblant d'un intérêt secondaire pour le commerce, et les dimensions des canaux sur lesquels elle devra se faire pouvant être réglées en conséquence, je ne traiterai de leur tracé que dans la seconde partie de mon travail.

COMMUNICATIONS NAVIGABLES

DE SECONDE CLASSE.

Les canaux du second ordre seront beaucoup plus multipliés que ceux du premier, et je vais indiquer tous ceux dont mes recherches me font préjuger la possibilité. Sans doute l'utilité de plusieurs d'entre eux ne se fera sentir que lorsque les pays qu'ils doivent traverser ou réunir auront acquis un plus grand degré de richesse et d'industrie ; mais il n'en est pas moins convenable d'en faire ici mention pour se rendre d'avance complètement compte de l'ensemble du système, ainsi que dans le projet d'une vaste construction on ne néglige pas de présenter dès l'abord le tracé des dépendances dont l'exécution doit rester quelque temps ajournée. D'une autre part, il est probable que je n'ai pas tout indiqué, et que des communications possibles et utiles m'ont échappé. On sent qu'un ouvrage du genre de celui que j'ai entrepris ne peut être au premier abord que très imparfait ; j'ouvre une carrière dans laquelle les concurrents qui se présenteront partiront toujours du point où se seront arrêtés leurs devanciers ; en supposant même que j'y marche d'un pas ferme, je n'en puis parcourir qu'une partie, et c'est au dernier qui y descendra qu'il est réservé d'en atteindre le terme.

Je ferai précéder l'exposé du système des canaux du second ordre de quelques observations sur les quantités d'eau nécessaires pour alimenter leurs points de partage.

Les sas de leurs écluses n'offrant en surface horizontale qu'un peu plus du quart des sas des grands canaux, les éclusées y consomment une quantité d'eau quatre fois plus petite environ pour une même hauteur de chute. Mais les bateaux qu'ils doivent recevoir n'ont de même que la moitié de la longueur et de la largeur des grands bateaux ; et par conséquent avec le même tirant d'eau, ils ne portent que moins du quart du poids dont on peut charger ces derniers. Quatre petits bateaux ne suffisent donc pas tout-à-fait pour le chargement d'un bateau de grande dimension, et les quatre éclusées même qui leur seraient nécessaires pour les faire passer par un sas, seraient ensemble plus considérables qu'une éclusée d'un grand canal. Il en résulte que pour faire monter et descendre sur un canal un certain poids donné d'objets à transporter, il faut une dépense d'eau un peu plus forte si ce canal est de seconde classe que s'il est de première.

D'un autre côté, la consommation d'eau due à l'évaporation est moindre à raison de ce que la surface du fluide en contact avec l'air est moins grande ; celle qui résulte de l'infiltration à travers le sol, et qui est habituellement la plus importante, est également inférieure à raison de la plus petite largeur des biefs ; et enfin les portes des écluses étant moins larges, peuvent être plus exactement fermées, et les filtrations qui s'y établissent toujours d'un bief à un autre doivent être un peu moins considérables. Ces diminutions de dépenses d'eau compensent à peu près les augmentations dues à l'emploi de plus petits bateaux ; et on peut admettre en général qu'entre deux points déterminés, et dont on connaît les relations commerciales et la masse des transports à effectuer de l'un à l'autre, il faut sensiblement la même quantité d'eau pour alimenter le bief de partage d'un canal destiné à les réunir, quelques dimensions qu'on donne à ce canal, pourvu que les bateaux y trouvent toujours la même hauteur de flottaison.

Cependant comme les canaux de second ordre ne sont généralement pas destinés à desservir une circulation aussi active que ceux du premier ordre, j'admettrai fréquemment la possibilité de points de partage moins bien fournis d'eau que ceux qui appartiennent aux canaux dont nous avons parlé jusqu'à présent. Nous ajouterons quelques considérations pour terminer la comparaison entre les canaux à grande et à petite section ; ces derniers employant de plus petits bateaux, les chargements sont moins longs et exigent même moins de temps relativement pour être complétés sur ce rapport ; on remarquera que l'usage des bateaux de petites dimensions est particulièrement approprié aux voyages les plus courts. C'est une loi qu'on peut regarder comme générale, que plus les transports se font à de grandes distances, plus les véhicules qu'on emploie, brouettes, tombereaux, charrettes, grands chariots, bateaux de petites ou de grandes dimensions, et enfin vaisseaux de tonnage de plus en plus forts, doivent être considérables. Les canaux de seconde classe, destinés à une circulation plus rapprochée, comportent donc l'emploi de plus petits bateaux que ceux de première classe, et par conséquent une moindre section. Tels sont les motifs qui justifient les dimensions que nous avons cru devoir leur assigner.

Pour mettre de l'ordre dans nos recherches, nous diviserons toute la France en un certain nombre de régions, que nous étudierons successivement pour y reconnaître les canaux de deuxième classe, que les formes et la nature du terrain peuvent comporter; et il nous paraît naturel de prendre pour former la circonscription de ces diverses régions, indépendamment de nos frontières, les principales lignes navigables auxquelles doivent se rattacher, comme moyens de liaison entre elles, les navigations secondaires à créer dans chaque région.

La première région comprendra l'espace renfermé entre les première et seconde lignes navigables de premier ordre, c'est-à-dire, entre la Seine de Paris au Havre, et la ligne de Paris à la Belgique par l'Oise, le canal de Saint-Quentin et l'Escaut.

La seconde renfermera les pays entre les seconde et troisième lignes de premier ordre, c'est-à-dire, entre la ligne formée de l'Oise, du canal de Saint-Quentin et de l'Escaut, et de celle que j'ai proposée ci-dessus pour aller de Paris à Strasbourg, et qui suivrait la Marne et l'Ornain, traverserait la Meuse, emprunterait une partie du cours de la Moselle et de celui de la Meurthe, suivrait le Sanon, descendrait dans la Sarre, et de là gagnerait la Zorn, pour se rendre à Strasbourg et dans le Rhin.

La troisième région sera comprise entre la ligne que je viens d'indiquer et celle qui est formée par la Seine, l'Yonne et le canal de Bourgogne jusqu'à son embouchure dans la Saône, appartenant à la ligne de premier ordre, n° 4; et enfin par la partie de la ligne de même ordre, n° 10, de Marseille à Strasbourg, formée par le canal de jonction de la Saône au Rhin, par le Doubs et l'Ill.

La quatrième région comprendra le vaste espace enfermé entre la ligne de premier ordre, n° 4, de Paris jusqu'à l'embouchure du canal de Bourgogne dans la Saône; la ligne, n° 6, de Paris à Bordeaux, comme elle a été indiquée dans la première partie de cet ouvrage; et la ligne, n° 11, de Bordeaux jusqu'à l'embouchure du canal de Charolais dans la Saône.

La cinquième région sera formée des pays compris entre la ligne n° 6, jusqu'à la Loire ; ce fleuve, depuis Tours jusqu'à son embouchure ; la Seine de Paris au Havre; et la mer.

Nous comprendrons dans la sixième région ce qui se trouve entre la ligne de premier ordre, n° 11, de Bordeaux à l'embouchure du canal de Charolais dans la Saône ; la ligne n° 9, formée de la Garonne et du canal du Midi jusqu'au Rhône ; et enfin la Saône et le Rhône jusqu'à son embouchure.

La septième région se composera de ce qui est à l'ouest de la ligne de premier ordre, n° 6, de Tours jusqu'à Bordeaux, depuis la Loire jusqu'à la Garonne.

Nous placerons dans la huitième région les pays au midi de la ligne n° 9, formée de la Garonne et du canal du Midi, depuis l'Océan jusqu'à l'embouchure du Rhône.

Enfin nous composerons la neuvième et dernière région de ce qui se trouve à l'est de la ligne de première classe, n° 10, de l'embouchure du Rhône jusqu'au Rhin.

CANAUX DE LA 1re RÉGION.

Les pays qui composent cette région offrent presque généralement un sol formé de craie sur une profondeur considérable. La craie conserve mal l'eau et la laisse filtrer dans son sein jusqu'à ce qu'elle y soit arrêtée par des couches d'une nature différente, ou qu'elle arrive à un certain niveau résultant des débouchés à ciel ouvert qu'elle trouve dans les vallées les plus profondes. C'est ce que l'on reconnaît à la première inspection des cartes des pays de ce genre, qui présentent fréquemment des vallées même d'une assez grande longueur dépourvues de ruisseaux. Les sources ne s'y montrent qu'à une grande distance du sommet des vallées et des faîtes qui séparent les bassins des rivières. Pour qu'un bief de partage soit convenablement alimenté dans un pays de craie, il faut donc le plus souvent qu'il soit creusé très profondément ou qu'on aille chercher les eaux à une grande distance, et dans ce cas on a lieu de craindre qu'elles se perdent en chemin. On est ainsi conduit à adopter là, plus fréquemment qu'ailleurs, des souterrains auxquels la nature du sol se prête au surplus d'une manière particulière. Tels sont les motifs qui me déterminent à proposer pour les canaux de la première région un emploi plus multiplié et plus étendu des souterrains que dans les autres parties de la France.

Ligne de Paris à Dieppe.

Si l'on pouvait réunir au point de partage du canal de Paris à Dieppe une très grande quantité d'eau, cette communication, plus courte que celle de Paris au Havre, disputerait à la Seine l'avantage d'être la principale voie commerciale de la capitale du royaume; mais comme on ne pourra jamais l'alimenter abondamment, la circulation y éprouvera des entraves qui s'opposeront à ce qu'elle prenne un très grand développement. D'après ces motifs, je pense qu'un canal de second ordre suffira pour l'importance des relations qui pourront se former et se maintenir entre Paris et Dieppe, et en conséquence je le crois préférable comme moins dispendieux. J'ajouterai que si l'on parvient plus tard à remédier au défaut d'eau que présente ce point de partage, ce ne sera qu'à l'aide de mécanismes toujours plus applicables aux petits canaux qu'aux grands, et cette considération tend à fortifier les motifs exposés précédemment.

Discussion de la direction à adopter.

La jonction peut avoir lieu par trois directions.

On paraît avoir songé jusqu'à présent à remonter l'Oise jusqu'au-dessous de Creil, se diriger sur Beauvais par la vallée du Thérin, et de là sur Gournay, par le vallon du ruisseau d'Avelon, pour rejoindre l'Epte, de laquelle on passera à la rivière de Béthune, qui se dirige droit à Dieppe; cette dernière partie de Gournay à Dieppe est commune aux deux autres directions. Dans la seconde, pour gagner Gournay, on quittera l'Oise au-dessous de Pontoise pour prendre le vallon de la rivière de Viorne et se diriger sur celui du ruisseau de Réveillon, et joindre la vallée de l'Epte vers Gisors, qu'on remontera jusqu'à Gournay et au-delà. Dans la troisième direction enfin, on suivrait la Seine jusqu'à l'embouchure de l'Epte, au-dessus de Vernon, et on remonterait la vallée de cette rivière jusqu'à Gournay. Le second tracé a l'avantage d'être plus court de Paris à Dieppe de 36 kilomètres que le premier, et de 55 kilomètres que le troisième; il est possible qu'il offre l'inconvénient d'exiger la formation d'un point de partage, et qu'il en résulte la nécessité de monter ou descendre huit ou dix écluses de plus. Le premier tracé passant par Beauvais offre un utile débouché aux productions agricoles d'un pays assez intéressant, et le met en communication avec l'Oise et toute la ligne navigable de la Seine à l'Escaut. Je pense donc qu'il sera convenable d'adopter les deux premières directions, et de négliger la troisième, qui ne paraît offrir aucun avantage important.

Canal de Pontoise à Gisors, Gournay, Neufchâtel et Dieppe.

Le canal de Pontoise à Gisors, Gournay, Neufchâtel et Dieppe, dont nous traiterons le premier, comme la voie la plus directe de Paris à la mer, partant de l'Oise au-dessous de Pontoise, suivra la vallée de la Viorne jusqu'à son sommet; cette partie du canal aura 26 kilomètres de longueur sur une pente qu'on estime à 48 mètres; on ouvrira du vallon de la Viorne à celui du Réveillon une communication souterraine de 3000 mètres, passant sous les villages du Bouleaume et de Baubiers. De là on se placera sur le coteau à droite du ruisseau de Réveillon, qu'on suivra jusqu'à la vallée de l'Epte. On devra essayer de se soutenir de niveau sur ce coteau, et passant par des aqueducs assez élevés la rivière de Troëne et quelques vallons qui viennent se verser dans l'Epte au-dessus de Gisors, on verra s'il est possible d'éviter toute écluse et de rejoindre le niveau du fond de la vallée de cette rivière du côté de Serifontaine et de Taillemoutier. Si comme on le craint ce tracé offre trop de difficulté, on descendra du sommet du vallon du Réveillon à l'Epte près de Gisors, en se tenant toutefois aussi élevé sur le coteau qu'on le pourra; on s'abaissera ainsi d'une hauteur qu'on estime de 12 mètres environ sur 8 kilomètres de longueur. Dans cette hypothèse, qui est celle que nous admettrons ici comme la moins favorable, il y aura un point de partage dont le souterrain du Bouleaume à Boubiers fera partie; pour l'alimenter on dérivera les eaux de la rivière de Troëne à une lieue au-dessus de Chaumont, et la rigole traversera par une galerie souterraine de 2000 mètres au sud-ouest du Vivray la hauteur qui sépare le Troëne du Réveillon. Sa longueur totale sera de 7 kilomètres, et elle recueillera les eaux d'environ dix lieues carrées de pays.

Le canal suivra ensuite la vallée de l'Epte jusqu'à Gournay; sa longueur dans cette partie sera de 26 kilomètres, et l'on estime à 31 mètres la pente à racheter par des écluses. Au-dessus de Gournay on gagnera la source de l'Epte ; et si l'on se propose d'ouvrir par la vallée de l'Andelle une branche de canal dont nous traiterons plus loin, l'on devra combiner le tracé de manière à obtenir sur l'ensemble des deux lignes la plus grande économie, et à cet effet on passera près du prieuré de Saint-Franc, puis entre Hodinger et la route de Forges à Gournay; l'on continuera à l'ouest de la même route pour venir traverser le faîte entre l'Andelle et l'Epte au nord du hameau du Bosc-Aubin, et ensuite le faîte entre l'Andelle et la rivière de Béthune, à l'ouest de Forges, près de la Croix d'Epinay. Le canal se dirigera ensuite sur l'abbaye de Beaubec et de là sur Neufchâtel par la vallée de la Béthune. Il faudra un souterrain de 1200 mètres près du Bosc-Aubin, et un autre de 2000 mètres près la Croix d'Épinay.

Le point de partage à établir entre Forges et Beaubec est loin d'être favorablement situé. En effet, si l'on considère sur la carte autour de ce point un cercle de huit à neuf lieues de rayon, on remarquera que tous les cours d'eau y suivent des directions divergentes, ce qui indique que ce point considéré sous un aspect général est un point de plus grande hauteur absolue, comme le sommet d'un dôme. Cependant en arrêtant sa vue sur un cercle moins étendu et seulement d'une lieue et demie à deux lieues de rayon, on reconnaît la possibilité de dériver vers le bief de partage, supposé creusé assez profondément, les eaux de plusieurs des petits ruisseaux circonvoisins. Ainsi l'on pourra tracer quatre rigoles ; la première recueillera les eaux de Sainte-Ursule, de Sommery, de Sainte-Geneviève, et même à l'aide d'une coupure à l'est de ce dernier village celles de Fontaine-en-Bray ; la deuxième rigole dérivera les eaux du Thil et de Gaillefontaine ; la troisième traversant par une coupure à l'est de la Ferté le faîte entre l'Epte et l'Andelle, ira prendre les eaux de cette dernière petite rivière au-dessus de Mauquenchy. Enfin la quatrième rigole recueillera les sources de la Longuetrelle et de Longménil. La longueur totale des rigoles sera de 61 kilomètres, et elles recueilleront au plus les eaux de sept lieues carrées de pays; nous ne croyons pas qu'il soit possible d'en réunir davantage, à moins d'aller chercher celles du Thérin avec beaucoup de dépense. Le terrain étant en général de nature argileuse, on pourra former des bassins ou réservoirs qui offriront des ressources supplémentaires.

Au-delà du bief de partage le canal passera par Neufchâtel et suivra la vallée de la rivière de Béthune jusqu'à Dieppe. De Gournay jusqu'au souterrain du bief de partage, la longueur du canal sera de 23 kilomètres avec une pente qu'on estime de 32 mètres. De la sortie du souterrain jusqu'à Dieppe, la longueur du canal sera de 48 kilomètres et la pente de 117 mètres, du moins à ce qu'on estime.

Ainsi, en résumé, la communication de Paris à Dieppe par cette ligne comportera l'exécution de 131 kilomètres de canal à ciel ouvert, 6 kilomètres de souterrain, des écluses nécessaires pour racheter 240 mètres de pente. Les rigoles pour alimenter les points de partage auront 66 kilomètres de développement, non compris 2000 mètres de galerie souterraine.

Canal de l'Oise à Beauvais, et de Beauvais à Gournay.

Le canal de l'Oise à Beauvais prendra son origine sur la rive droite de l'Oise, à un quart de lieue au-dessous de Creil près de Montataire; il remontera la vallée du Thérin jusqu'à Beauvais sur 39 kilomètres, avec une pente qu'on évalue à 52 mètres. De Beauvais on suivra le vallon marécageux du ruisseau d'Avelon, qui se prolonge jusqu'à deux lieues à l'est de Gournay; là, on coupera par une tranchée d'environ 16 mètres de plus grande profondeur le faîte entre les bassins de l'Epte et du Thérin, et l'on se dirigera sur Gournay pour rejoindre au-dessus de cette ville le canal qui se dirige sur Dieppe. La longueur de cette seconde partie du canal sera de 33 kilomètres, et l'on estime que l'on n'aura que 12 mètres de pente à racheter par des écluses.

Ligne de Rouen à Amiens.

La communication de Rouen à Amiens offre d'assez grandes difficultés; cependant comme en général la nature du sol est assez favorable au percer des souterrains, je vais indiquer le tracé qui me paraît le plus convenable dans le cas où l'importance des relations entre la Normandie et la Picardie déterminerait à chercher les moyens de lier par une voie navigable les villes principales de ces deux provinces.

La ligne dont je conçois la possibilité se dirigerait par une première branche sur Gournay; une seconde branche, qui appartient au canal dont nous venons de parler en dernier lieu, lie Gournay et Beauvais; une troisième branche enfin joindrait Beauvais et Amiens. Nous n'avons à parler que de la première branche et de la troisième.

Branche de canal de Rouen à Gournay.

En partant de la Seine près de Rouen, on suivra le vallon du ruisseau de Darnetal et de Saint-Aubin, qu'on remontera jusque près de Montmain. Là, on entrera en souterrain en se dirigeant presque de l'est à l'ouest, de manière à passer à peu près sous le village de Fresnes, et à déboucher au fond du petit vallon où se trouve le hameau de Corbut, au sud de Letteguives. De ce vallon, on gagnera sans descendre aucune écluse la droite de la vallée de l'Andelle, que l'on remontera jusqu'au village de Ménil-Lieubray. En ce point, on traversera cette rivière, pour prendre le petit vallon de Fry, du sommet duquel on passera dans le bassin de l'Epte, en coupant le faîte près du hameau de Biévredent, et sans redescendre, on rejoindra à l'est de Hodenger la ligne de navigation de Paris à Dieppe, qu'on suivra pour descendre vers Gournay.

La principale difficulté de la branche de canal proposée consiste dans l'ouverture du souterrain de Fresnes; il n'aurait pas moins de 9,500 mètres de longueur, et si sur toute cette étendue il se présentait beaucoup d'eau dans le premier percer, on pense qu'il faudrait peut-être sept ans au moins pour le terminer. Le reste du canal dont il s'agit offrirait 35 kilomètres de longueur à ciel ouvert et une différence de niveau estimée à 101 mètres à racheter par des écluses. La navigation sera entretenue par des eaux qu'on introduira dans le bief d'embranchement sur la ligne de Paris à Dieppe; ce bief, qu'on suppose devoir être inférieur d'environ 12 mètres au bassin de partage placé près de Forges, recevra des sources qu'on ne pourra pas faire entrer dans ce dernier; ainsi l'on dérivera des eaux de la rivière d'Andelle prises au-dessus de Sigy, mais fort au dessous de Mauquenchy, où doit avoir lieu une première dérivation pour l'entretien du bief de partage le plus élevé. L'on pourra également recueillir pour celui dont il s'agit maintenant, le produit du ruisseau qui tombe dans l'Epte près d'Haussez, en faisant traverser à la rigole ouverte à cet effet, l'Epte sur un pont-aqueduc. On estime qu'on pourra réunir ainsi, pour alimenter la navigation de Rouen à Gournay, les sources de cinq lieues carrées de pays, dont on ne pourrait pas faire usage au bief de partage entre l'Epte et la

Béthune; les rigoles nécessaires pourront avoir 23 kilomètres de développement.

La branche assez difficile de navigation que nous venons d'indiquer pourrait être remplacée par une ligne plus longue, mais moins coûteuse, qui emprunterait le lit de la Seine jusqu'à l'embouchure de l'Andelle, sauf une coupure entre Tourville et Sotteville; un canal remonterait, de là, la vallée de l'Andelle dans toute son étendue jusqu'au Ménil-Lieubray, où il rejoindrait le tracé ci-dessus indiqué.

Branche de eaux d'Amiens à Beauvais.

Le pays entre Beauvais et Amiens offre des vallons pour la plupart dépourvus de cours d'eau, et les ruisseaux qui versent leurs eaux à l'Oise et à la Somme prennent leurs sources à des distances assez grandes du faite intermédiaire. Ces circonstances obligent de rechercher surtout la direction dans laquelle le bief de partage pourra être alimenté suffisamment, et avec le plus de facilité, en exigeant que le souterrain soit le moins long possible. C'est sous ce rapport que j'indiquerai comme préférable la direction suivante.

On remontera la vallée du Thérin au-dessus de Beauvais jusqu'à Milly, où l'on suivra la branche de cette rivière, qu'on appelle le petit Thérin; vers Saint-Omer, l'on prendra le vallon d'Oudeuil, jusqu'à Blicourt. Là commencera une partie souterraine que l'on dirigera de manière à passer un peu à l'est de Crèvecœur, et à déboucher au sud de Catheux. Le canal suivra ensuite le vallon du petit ruisseau de Catheux et de Fontaine qui tombe dans la Celle près de Conti, et enfin il se prolongera par la vallée de cette dernière rivière jusqu'à Amiens.

De Beauvais au souterrain, la longueur de canal à ciel ouvert sera de 21 kilomètres, avec une pente estimée de 30 mètres; du souterrain à Amiens, la longueur de canal sera de 36 kilomètres avec une pente estimée de 86 mètres. Le souterrain aura 11,000 mètres de longueur, et pourra exiger jusqu'à huit à neuf ans pour son exécution, si l'on est gêné par les sources souterraines; le bief de partage réunira les eaux des sources des ruisseaux d'Oudeuil et de Catheux, et sera de plus alimenté par une dérivation du petit Thérin, pris au-dessous de Marseille, et amené par une rigole de 18 kilomètres de longueur.

6.

Jonction de la Somme au port de Boulogne.

Le canal qui pourra conduire de la Somme à Boulogne, suivra à peu près la côte, et ne s'en éloignera qu'aux abords de la rivière de Liane, dont l'embouchure forme le port de Boulogne, et dont le bassin est circonscrit par des hauteurs qui se prolongent jusque sur le bord de la mer. Le tracé de ce canal partira de la Somme près d'Abbeville, suivra la rive droite, en s'appuyant au coteau qui en est très voisin, passera près du grand Lavies, de Grand-Port et sur les territoires de Noyelles, Favières, Rue, Saint-Jean-des-Marais, et Quend-le-Jeune, jusqu'à l'Authie; cette partie sera de 22 kilomètres de longueur, et terminée par des écluses de garde; les eaux y seront fournies par le ruisseau de Maie ou par l'Authie. Au-delà de cette dernière rivière, le canal coupera les territoires de Conchy-le-Temple, Groflier, Merlimont, Cuque et Étaples, où il débouchera dans la Canche. Cette seconde partie sera terminée également par des écluses de garde; elle sera alimentée par la Canche et l'Authie, et aura 23 kilomètres de longueur. Enfin la troisième partie, partant de la Canche pour aller à Boulogne, aura 27 kilomètres de longueur; elle passera aux environs de Camiers, de Dannes et de Neufchâtel, d'où l'on descendra vers Boulogne par la vallée du ruisseau de Neufchâtel et de Verlinctun et par celle de la Liane. Il se trouvera un point de partage placé entre Daunes et Neufchâtel, et qu'on estime à 20 mètres au-dessus des embouchures du nanal dans la Canche et dans le port de Boulogne; pour alimenter ce point de partage, on pourra prendre des eaux de la Liane au-dessus de Questrèque, et les amener par une rigole de 22 kilomètres de longueur; mais on observera que le canal que nous allons indiquer pour passer de Boulogne à la Lys doit la rendre inutile. La partie de canal comprise entre la Canche et le port de Boulogne doit, comme la précédente, être terminée par des écluses de garde. En résumé, il faudra pour communiquer de la Somme au port de Boulogne 72 kilomètres de canal, six écluses de garde et des écluses pour racheter une pente totale de 40 mètres.

Jonction du port de Boulogne aux canaux du département du Nord.

On a proposé d'établir cette communication par les rivières de Liane et de Hem, qui entre à Hennuin dans le canal de Calais; et à cet effet, on devait ouvrir un souterrain entre les sources les plus rapprochées de ces rivières; mais en supposant même qu'on établisse le bief de partage au niveau des eaux de la rivière de Liane au point où ses différentes sources se réunissent près de Selle, on ne pourrait guère rassembler que les produits d'environ quatre lieues superficielles. On a songé également à joindre la Canche à la Scarpe, en passant par le Gy, affluent de cette rivière; le défaut d'eau au point de partage est également le vice qui ne permet pas d'adopter cette direction.

Celle que je propose consiste à joindre la Liane au ruisseau de Bléquin, affluent de l'Aa, et à dériver des eaux de cette dernière rivière pour alimenter le bief de partage. Je pense qu'on pourra trouver ainsi le moyen d'entretenir une navigation assez active.

Le canal s'embrancherait sur le bief de partage de la partie de celui de Boulogne à la Somme, comprise entre la Liane et la Canche; le tracé se soutiendrait sur le coteau à droite du vallon de Verlinctun jusqu'à la vallée de la Liane; on remonterait cette dernière sur toute son étendue jusqu'à sa source, près de Lottinghem. De là on se dirigera par un souterrain de 4,000 mètres de longueur sur le sommet de la vallée du ruisseau de Bléquin. Le point de partage placé entre Lottinghem et Bléquin sera alimenté par les différentes sources de la Liane, recueillies par deux rigoles qui auront ensemble 10 kilomètres de longueur, et de plus, par une dérivation des eaux de l'Aa prises au-dessus d'Aix et amenées par une rigole de 36 kilomètres de développement total, qui passera par le vallon de Thiembronne pour gagner par une galerie souterraine de 3,000 mètres de longueur la vallée du ruisseau de Bléquin, près de Vaudringhem; on pourra réunir ainsi en tout les eaux de près de dix lieues carrées de pays.

Le canal, à la sortie du souterrain de Lottinghem à Bléquin, suivra la vallée du ruisseau de Bléquin, puis celle de l'Aa, et viendra se rattacher au canal d'Aire à Saint-Omer ou du Neuf-Fossé; on pourra se soutenir sur le coteau à droite de l'Aa, pour rejoindre celui du Neuf-Fossé au-dessus des écluses des Fontinettes.

La longueur du canal proposé depuis le point où il s'embranchera sur celui de Boulogne à la Somme, jusqu'au souterrain du bief de partage, sera de 25 kilomètres sur 77 mètres de pente; depuis le souterrain jusqu'à la rencontre du canal du Neuf-Fossé au-dessus des écluses des Fontinettes, la longueur à ouvrir sera de 26 kilomètres sur 78 mètres de pente.

Jonction de la Somme à la Scarpe.

Cette jonction faciliterait les relations d'Amiens avec les parties les plus importantes des départements du Nord et du Pas-de-Calais, qui sans cela n'auraient lieu que par le canal de Saint-Quentin; son inconvénient est d'exiger un souterrain d'une grande longueur, et auquel on ne pourrait songer dans un sol d'une nature moins favorable. Le canal quitterait la Somme au-dessous de Corbie, suivrait la rivière d'Albert ou de Miraumont, et s'exécuterait en souterrain à partir de près du village d'Irles jusqu'à un kilomètre de Boyelle; de là il suivrait le vallon du Cogeul, qu'il traverserait près de Wancourt; on se tiendrait ensuite sur la gauche du même vallon jusqu'à une coupure naturelle qui existe entre Hamblain et Sailly en Ostrevent, où coule le ruisseau ou fossé du Tranquiche, et on arriverait ainsi à la Scarpe, à quatre lieues au-dessous d'Arras.

La possibilité du canal dépend de l'abondance des sources de Miraumont, auxquelles s'ajouteront des eaux souterraines, en grande quantité sûrement comme au canal de Saint-Quentin. On observera que les sources de Miraumont et celles des environs de Boiry paraissent former l'égout de quatorze lieues carrées de pays. Le souterrain au reste n'aurait pas moins de 12,500 mètres de longueur, ce qui fait près de 1,500 mètres de moins que celui que Laurent avait proposé pour la jonction de la Somme à l'Escaut. Il est possible qu'à raison des eaux qu'on y rencontrera, son exécution exige environ neuf ans de travail.

La longueur du canal à ciel ouvert de la Somme jusqu'au souterrain serait de 32 kilomètres, avec une pente que j'estime de 46 mètres, le bief de partage devant être établi à un niveau un peu inférieur à celui des sources de Miraumont; du souterrain jusqu'à la Scarpe, la longueur serait de 19 kilomètres, et la pente est évaluée à 28 mètres.

On peut ajouter au canal que nous venons d'indiquer une branche de 10 kilomètres de longueur et de 6 mètres de pente, partant de près de Sailly en Ostrevent, et venant rejoindre le canal de la Sensée, près de Pallué, destinée à former une communication directe d'Amiens avec l'Escaut.

Canal de l'Omignon, branche du canal de Saint-Quentin.

Si les canaux que nous venons d'indiquer entre Amiens, la Scarpe et l'Escaut ne s'exécutaient pas, on pourrait ouvrir le long de la petite rivière d'Omignon, depuis Bellenglise, village placé sur le bief de partage du canal de Saint-Quentin, jusqu'à Saint-Christ, sur la Somme, à deux lieues au-dessus de Péronne, une branche de navigation secondaire, destinée à favoriser les transports des charbons de la Flandre dans toute la partie inférieure du cours de la Somme. Ce canal aurait 28 kilomètres de longueur et 33 mètres de pente. On observera que la navigation devant y être entretenue par des eaux à prendre dans le bief de partage du canal de Saint-Quentin, il faudra attendre pour s'en occuper que ce dernier canal conserve mieux l'eau qu'il ne fait encore, pour que celle qu'on lui retirera devienne surabondante par rapport aux besoins de la navigation principale.

On jugera peut-être convenable d'ouvrir le canal de l'Omignon, quoiqu'il ne soit que d'un intérêt de second ordre, dans les dimensions adoptées pour le canal de Saint-Quentin et celui de la Somme, auxquels il se rattachera par les deux extrémités.

CANAUX DE LA DEUXIÈME RÉGION.

Ligne de Paris à la Sambre, et embranchement sur l'Escaut.

Lorsqu'en 1801 on discuta vivement la direction à adopter pour établir la communication de Paris à la Belgique, quelques personnes opposèrent au canal de Saint-Quentin le projet de joindre l'Oise à la

Sambre et la Sambre à l'Escaut. Il serait superflu de revenir ici sur une affaire définitivement jugée ; mais le tracé, qui ne fut pas accueilli pour la ligne principale, peut être reproduit avec avantage pour la formation d'une ligne secondaire d'une assez grande importance.

Cette ligne suivra l'Oise et le canal de Chauny à La Fère ; de là le canal sera tracé le long de la vallée de l'Oise, qu'il remontera jusqu'à Vadancourt, puis dans celle du Noirieu, jusqu'auprès d'Étreux-Landrenat. Une coupure qui ne sera pas très considérable suffira pour établir la communication de l'Oise à la Sambre. On suivra ensuite cette dernière rivière jusqu'au-dessous de Landrecies, où elle commencera à être navigable.

Quelques officiers du génie militaire projetaient d'alimenter ce point de partage seulement par les eaux des ruisseaux de Boué, de Barzy et d'Esquehéries, ce qui ne donnerait les produits que d'environ sept lieues carrées de pays. Ils proposaient également d'ouvrir un autre canal de jonction de la Sambre à l'Escaut, par le ruisseau du Petit-Vivier et la rivière de l'Escaillon, dont les sources se rapprochent au milieu de la forêt de Monnal ; le second bief de partage placé en ce point devait être alimenté par diverses sources qui prennent naissance dans cette forêt marécageuse.

Depuis on a entrepris une rigole pour amener au canal de Saint-Quentin les eaux de l'Oise, prises au-dessus de l'embouchure du Noirieu ; et on a eu la pensée de convertir cette rigole en une branche de canal qui, se liant à la Sambre par le vallon de Noirieu et Landrecies, établirait la communication de la Sambre et de la Meuse avec le canal de Saint-Quentin, et, par cet intermédiaire, avec l'Oise et avec l'Escaut.

Cette combinaison épargnerait quelques écluses, mais elle serait moins avantageuse, en ce qu'elle laisserait sans navigation la vallée de l'Oise au-dessus de La Fère, et celle de la Seille dans toute son étendue. Je propose de préférence un tracé très différent, dans lequel la triple jonction de l'Oise, de la Sambre et de l'Escaut s'établira par un seul bief de partage à trois branches. Ce bief commencera entre Étreux et Oisy, se prolongera par la vallée de la Sambre jusqu'au-delà d'Ors, en se soutenant, s'il est nécessaire, sur le coteau à droite de cette rivière, qui n'a qu'une très faible pente. Une branche de canal commencera de là à descendre vers Landrecies; une autre branche formant partie du bief de partage se dirigera par un petit vallon situé au nord du village d'Ors, de l'est à l'ouest; un souterrain de 1,500 mètres de longueur passera sous la hauteur où est Pomereul, et l'on gagnera ainsi le vallon du ruisseau de Basuyau, qui se jette dans la Selle, au-dessous de Cateau-Cambresis; par la vallée de la Selle on descendra vers l'Escaut, que l'on rejoint à Douchy, près de Denain. Le bief de partage ainsi conçu communiquera donc avec l'Oise par le Noirieu, avec la Sambre, puisqu'il est ouvert en très grande partie dans la vallée de cette rivière, et enfin à l'Escaut par la vallée de la Selle. La surface de ce bief pourra être établie, à ce qu'on présume, à 3 mètres au-dessus de celle de la Sambre à Landrecies; et en admettant cette possibilité, on recevra presque sans rigole les produits des ruisseaux de Barzy et de Boué, ainsi que des sources des environs de Femy et de la Riviérette; on ajoutera une dérivation de l'Helpe, prise au-dessous de Cartigny, et amenée par une rigole qui passera par une partie des fossés de Landrecies, et recueillera sur sa route les ruisseaux de Beaurepaire et de la Folie. A ces ressources, déjà considérables, on pourrait ajouter encore une dérivation de la Selle; mais on se contentera de ce côté de recevoir le ruisseau de Basuyau. L'on réunira ainsi les eaux de plus de vingt lieues carrées de pays, sans avoir plus de 35 kilomètres de développement de rigoles.

De la Fère jusqu'au faîte entre l'Oise et la Sambre, près d'Oizy, le canal aura 48 kilomètres de longueur sur 86 mètres de pente; du faîte jusqu'à Landrecies la longueur du canal sera de 19 kilomètres avec 3 mètres de pente, et enfin la branche qui établira la communication avec l'Escaut aura depuis Ors jusqu'à l'embouchure de la Selle dans l'Escaut, près de Denain, 33 kilomètres de canal à ciel ouvert, et 1,500 mètres de souterrain avec une pente de 104 mètres.

Ligne de Paris à la Meuse.

La communication de Paris à la Meuse peut s'établir par l'Oise, l'Aisne, et la jonction dès long-temps projetée de l'Aisne à la Meuse par le ruisseau de Mongont et la rivière de Bar. Mais depuis qu'on a entrepris le canal de l'Ourcq, qui se prolonge de Paris jusqu'à Mareuil, à huit lieues au sud de Soissons, et qui doit desservir une petite navigation, on a songé à diminuer de beaucoup le trajet de Paris à la Meuse, en continuant cette petite navigation de Mareuil jusqu'à l'Aisne.

Nous ne parlerons point ici du canal de l'Ourcq, dont l'exécution est aujourd'hui terminée.

(1) Le canal qui doit établir la jonction de l'Aisne et de l'Ourcq partira d'auprès de Mareuil, suivra la droite de la vallée de l'Ourcq jusqu'au-dessus de la Ferté-Milon, puis celle de la rivière de Sivière jusque près de Vierzy. On traversera la hauteur de Vierzy à l'Echelle par un souterrain de 3,000 mètres de longueur, dont l'ouverture présentera, à ce que l'on craint, quelque difficulté, à raison de la nature du sol, composé de sable, de grès et de calcaire coquillier. Le bief de partage dont le souterrain fera partie sera alimenté d'un côté par les eaux des ruisseaux de Villemontoir, de Murète et de Maast, prises au-dessous de leur confluent sous Chacrise, et d'un autre côté par celles des ruisseaux de Fleury, de Parcy et de Saint-Remy; il faudra pour les amener trois rigoles qui ensemble auront 40 kilomètres de développement, et recueilleront les eaux d'environ onze lieues carrées de pays. Au-delà du souterrain, le canal gagnera la vallée de la Crise, qu'il suivra jusqu'à l'embouchure de cette petite rivière dans l'Aisne au-dessus de Soissons. L'on aura à ouvrir de Mareuil jusqu'au souterrain de Vierzy 26 kilomètres sur une pente qu'on estime à 24 mètres, et du souterrain jusqu'à l'Aisne 10 kilomètres avec une pente évaluée à 46 mètres.

L'Aisne est regardée comme navigable jusqu'à Neufchâtel, mais elle a besoin d'améliorations importantes de l'Oise à Soissons et de Soissons à Neufchâtel.

A partir de ce dernier point, on s'occupe d'ouvrir le long de la vallée de l'Aisne un canal latéral qui se prolonge jusqu'à Semuy, à une lieue

(1) Depuis 1820, M. Girard, membre de l'Académie des Sciences, a étudié ce canal, ainsi que celui de Soissons à l'Oise par la Lette. Nous croyons devoir persister dans la pensée que nous avions, en 1820, de placer les points de partage assez bas pour bien assurer leur alimentation, et de plus relativement au premier pour l'alimenter principalement par des eaux prises sur le versant de l'Aisne, afin de ne pas diminuer la quantité d'eau que le canal de l'Ourcq amène à Paris.

et demie au-dessus d'Attigny, sur une longueur de 60 kilomètres et une pente de 23 mètres.

De Semuy le canal remonte le vallon du ruisseau de Mongont jusqu'au bief de partage placé près du Chêne, et de ce bief de partage il descend à la Meuse par la vallée de la Bar. Il sera alimenté par des eaux du ruisseau de Chagny pris au-dessous de l'étang du Bairon, et par une dérivation de la rivière de Bar prise au-dessus de Pont-à-Bar. Les rigoles qui amèneront ces eaux auront à peine un kilomètre de développement.

La distance de Semuy au bief de partage est de 10 kilomètres, et la pente de 78 mètres; du bief de partage à la Meuse la pente est de 16 mètres sur 34 kilomètres de longueur.

Jonction du canal de Saint-Quentin à l'Aisne, et de l'Aisne à la Marne.

Cette jonction peut faire partie d'une ligne assez importante pour la communication des départements de la Champagne et de la Bourgogne avec nos provinces du Nord.

On peut déjà parvenir du canal de Saint-Quentin à l'embouchure de l'Aisne par l'Oise, remonter l'Aisne jusqu'à Soissons; et lorsque la jonction de cette rivière avec l'Ourcq, dont nous venons de parler en traitant de la communication de Paris à la Meuse, sera effectuée, on pourra gagner la Marne en descendant la rivière d'Ourcq, sur laquelle la navigation est déjà établie. Mais je vais indiquer un tracé beaucoup plus abrégé et ouvrant de nouveaux débouchés.

De Chauny à l'Aisne, par la Lette.

D'abord on peut abréger d'environ dix lieues le trajet du canal de Saint-Quentin à Soissons, en quittant l'Oise au-dessous de Chauny pour prendre la vallée de la Lette, qu'on remontera jusqu'au vallon du petit ruisseau de Vaussalion. On prendra ce vallon pour gagner de là, par un souterrain de 2500 mètres de longueur, le sommet de la vallée du ruisseau de Laffaux et de Margival, que l'on suivra, et l'on rejoindra l'Aisne au-dessous de Crouy. Le point de partage situé entre Vaussalion et Laffaux sera alimenté par une dérivation de la Lette prise au-dessous de l'embouchure du ruisseau venant des environs de Laon; la rigole pourra avoir 15 kilomètres de longueur développée. La longueur de ce canal, depuis l'Oise au-dessous de Chauny jusqu'au souterrain du bief de partage, sera de 27 kilomètres avec une pente évaluée à 21 mètres, et du bief de partage jusqu'à l'Aisne, la pente peut s'estimer à 26 mètres sur 9 kilomètres de longueur.

De l'Aisne à la Marne, par la Vesle.

La navigation suivra ensuite l'Aisne jusqu'à l'embouchure de la Vesle, qu'on suivra ensuite jusqu'à Reims. On a déjà projeté de rendre cette rivière navigable de son embouchure jusqu'à cette ville, et cette opération nous paraît en effet pouvoir s'exécuter avec économie. Nous l'assimilerons toutefois à l'ouverture d'un nouveau canal, en observant que la longueur de ce canal serait de 50 kilomètres avec une pente de 33 mètres. Au-delà de Reims, le canal continuera de suivre la Vesle, en profitant des avantages que présentent les localités, et particulièrement d'un lit particulier déjà ouvert de Reims à Sillery. Il passera de là sur la droite de la rivière, et arrivé au-dessus de Sept-Saulx, il sera dirigé de manière à traverser le faîte entre la Vesle et la Marne près du village du Grand-Billy. Un souterrain de 1,500 mètres établira la communication de la vallée de la Vesle au vallon d'Ysse, par lequel le canal viendra tomber dans la Marne à un kilomètre au-dessus de Condé. Pour alimenter le point de partage situé près du Grand-Billy, l'on dérivera les eaux de la Vesle au-dessous de Bouy, et la rigole qui les amènera sera prolongée pour aller chercher, en passant par le vallon du Grand-Mourmelon et coupant le faîte entre la Vesle et la Suippe, les eaux de cette dernière rivière au-dessus de Chanteraines. On pourra disposer des eaux de plus de dix-huit lieues carrées de pays. La longueur du canal depuis Reims jusqu'au souterrain du Grand-Billy sera de 28 kilomètres avec une pente estimée de 32 mètres; du souterrain jusqu'à la Marne au-dessus de Condé, la longueur du canal sera de 11 kilomètres sur 18 mètres de pente présumée. La rigole nécessaire à l'entretien du bief de partage aura 27 kilomètres de développement. Le souterrain sera ouvert dans un sol de craie.

En résumé, de l'Aisne à la Marne l'on aura 89 kilomètres de canal à ciel ouvert, 1500 mètres de souterrain, 83 mètres de pente à racheter par des écluses, et 27 kilomètres de longueur de rigole.

Au nombre des canaux qui appartiennent à la troisième région, nous en indiquerons un qui peut être considéré comme une suite du précédent.

Jonction de la Basse-Meuse à la ligne de navigation n° 3 de premier ordre.

La navigation que je propose ici passera par la Bar et le ruisseau de Mongont pour rejoindre l'Aisne à Semuy; nous avons déjà parlé précédemment de cette jonction de la Meuse à l'Aisne. De Semuy un canal remontera le long de l'Aisne jusqu'à six lieues au sud de Sainte-Menehould près de Charmontois; à ce point il prendra le vallon du ruisseau de Belval, et dans les bois au midi de ce village il coupera le faîte entre l'Aisne et la rivière de Chée, en se dirigeant de manière à gagner le sommet du vallon du petit ruisseau de Sommeille. Le canal suivra ensuite ce vallon et la vallée de la Chée, pour venir se rattacher à une demi-lieue au-dessus de Rancourt, à la ligne de première classe n° 3, proposée précédemment pour former la communication de Paris à Strasbourg. Le point de partage situé entre Belval et Sommeille sera creusé à ciel ouvert et entretenu par des eaux de la Chée dérivées à l'embouchure du ruisseau de Villotte, par celles de l'Aisne, prises au-dessous de Vaubécourt, et enfin par les sources d'un petit ruisseau qui vient du hameau de Hurtebise; les trois rigoles qui amèneront ces eaux auront ensemble 40 kilomètres de longueur et réuniront les produits de neuf lieues carrées de pays.

La longueur du canal à ouvrir depuis Semuy jusqu'au faîte entre l'Aisne et la Marne sera de 89 kilomètres, et l'on estime la pente à 94 mètres. Du faîte jusqu'à la rencontre du canal principal, ou de première classe, la distance est de 11 kilomètres, et la pente est estimée de 19 mètres.

Le canal qu'on vient d'indiquer ouvrira des débouchés utiles aux forêts de l'Argonne et aux diverses usines de ce pays; il se liera non seulement à la ligne de navigation de Paris à Strasbourg, mais aussi à la Haute-Marne et à divers canaux adjacents.

Ligne de communication des places frontières du Nord à celles de l'Est.

Cette ligne est destinée à établir la liaison entre les canaux du département du Nord d'une part et le Rhin et le canal de jonction du Rhin au Doubs d'autre part. Elle se composera, 1° du canal de l'Escaut à la

Sambre et à l'Oise par la Selle et le Noirieu, dont nous avons parlé précédemment à l'occasion de la ligne de Paris à la Sambre; 2° d'un canal de l'Oise supérieur à la Meuse, par le Ton, l'Aube, l'Audry et la Sormone; 3° d'une partie du cours de la Meuse de Mézières à Sedan; 4° d'un canal à établir le long du Chiers, de l'Othain et de l'Orne, formant la jonction de la Meuse à la Moselle; 5° du cours de la Moselle depuis l'embouchure de l'Orne entre Metz et Thionville jusqu'à celle de la Meurthe, où l'on se rattachera à la ligne de première classe n° 3, qui complétera la communication avec Strasbourg et la frontière des départements du Haut et du Bas-Rhin. On pourrait aussi ouvrir, à partir de Metz, un canal qui suivrait le cours de la Seille, et qui, passant par Marsal et par Dieuze, emprunterait une ligne que nous décrirons un peu plus loin, pour se rattacher à la ligne de première classe de Paris à Strasbourg près de Sarrebourg.

Nous n'avons à détailler dans le tracé que nous venons d'indiquer que la jonction de l'Oise à la Meuse, et celle de la Meuse à la Moselle. Le reste se compose de canaux dont on a déjà parlé, et de quelques parties du cours de la Meuse et de la Moselle qui sont regardées comme navigables, bien qu'elles aient besoin de plusieurs améliorations. Nous nous bornerons à cet égard à faire ici mention d'une petite branche de canal de deux kilomètres de longueur qui sera nécessaire pour lier la navigation de la Moselle à la ligne de première classe de Paris à Strasbourg, près de Frouard; la pente de cette branche de canal sera de neuf mètres, et peut-être jugera-t-on convenable d'adopter en ce point les dimensions des canaux de première classe.

Jonction de l'Oise à la Meuse.

Le canal de l'Oise à la Meuse s'embranchera à l'embouchure du Noirieu, sur celui qui doit joindre l'Oise à la Sambre; il remontera la vallée de l'Oise, et ensuite celle du Ton et de l'Aube, jusqu'au sud du village de la Serleau. De là, par un souterrain de 2,000 mètres de longueur, il gagnera la vallée de la rivière d'Audry au nord-ouest de Logny-Bogny. Il suivra ensuite cette vallée et celle de la Sormone pour arriver à la Meuse, au-dessous de Warcq à l'ouest de Mézières. On préfère cette direction à celle qu'on pourrait projeter par l'Oise jusqu'au-dessus d'Hirson, le ruisseau de l'Artoise, la Noire, la Blanche et le Viroin qui se jette dans la Meuse entre Fumay et Givet, parceque cette dernière ligne est en partie sur un territoire devenu actuellement étranger, et que d'ailleurs le bief de partage serait encore plus difficilement alimenté. Celui qui sera placé entre la Serleau et Logny-Bogny sera entretenu d'abord par les sources des ruisseaux de Marlemont, Liart, la Serleau et Havy; en outre une galerie souterraine de 1,800 mètres à l'ouest de Flaignes, joindra au sommet du vallon du ruisseau de la Serleau la vallée de la Sormone, et une rigole en prolongement du souterrain ira recueillir les eaux de cette rivière au-dessus de Girondelle et celle des ruisseaux qui coulent à l'ouest de Maubert-Fontaine. On réunira ainsi les eaux de huit lieues carrées de pays, et les rigoles auront ensemble 30 kilomètres de développement, indépendamment de la partie souterraine que nous venons d'indiquer.

Le canal depuis le Noirieu jusqu'au souterrain du bief de partage aura 85 kilomètres de longueur sur une pente évaluée à 118 mètres; de là jusqu'à la Meuse, on estime la pente à 74 mètres sur 25 kilomètres de longueur.

La jonction de la Meuse à la Moselle suivra d'abord le Chiers, depuis son embouchure dans la Meuse jusqu'au-dessus de Montmédy; il est possible qu'on profite en partie du lit de cette rivière pour y établir la navigation; mais sans avoir égard à cet avantage, nous supposerons qu'on établisse un canal latéral le long de cette rivière, puis le long de celle de l'Othain, que l'on suivra jusqu'à son sommet à l'étang de Gondrecourt. A une demi-lieue à l'est de ce village, on franchira le faîte entre la Meuse et la Moselle par un souterrain de 600 mètres de longueur, et l'on descendra dans un vallon qui se jette dans l'Ornes au-dessus de Coinville; on suivra ensuite l'Ornes jusqu'à son embouchure.

Jonction de la Meuse à la Moselle.

Le point de partage qu'on suppose pouvoir être établi au niveau de l'étang de Gondrecourt, sera alimenté indépendamment des eaux que reçoit cet étang, d'abord par le ruisseau de Joudréville, et en second lieu par une dérivation de l'Ornes prise à une lieue et demie au-dessus d'Estain; la rigole qui ira chercher les eaux de cette rivière passera par le petit vallon de Dommary, d'où elle gagnera en coupant le faîte un autre vallon qui se verse dans l'Ornes, et qui est situé entre Estain et Amel; il est possible qu'en ce point on ait à percer une galerie souterraine de 2,500 mètres de longueur; après avoir pris les eaux de l'Ornes, elle se prolongera pour aller recueillir celle des ruisseaux de Bezonvaux, de Vaux et de Damloup. Indépendamment de la partie souterraine les rigoles auront 41 kilomètres, et réuniront les eaux de 11 lieues carrées de pays.

On estime que du point de partage on aura 88 mètres à descendre vers la Meuse et autant vers la Moselle; la longueur du canal, d'une part, sera de 109 kilomètres, et de l'autre, de 37 kilomètres.

En résumé, la communication des frontières du nord à celles de l'est pourra comporter, non compris les parties de canal qui rentrent dans les lignes dont nous avons déjà parlé, 256 kilomètres de longueur de canal à ciel ouvert, 2,600 mètres de canal souterrain, 368 mètres de pentes à racheter par des écluses, 71 kilomètres de rigoles pour l'entretien des points de partage, et 4,300 mètres de galeries souterraines pour ces mêmes rigoles; à quoi l'on peut ajouter, comme nous l'avons dit plus haut, 2 kilomètres de canal et 9 mètres de hauteur de chute à traiter comme ce qui appartient à la navigation de première classe.

Canal le long de la Meuse, de Verdun à la ligne de première classe n° 3.

Nous comprendrons au nombre des navigations a créer dans la deuxième région, un canal le long de la Meuse, depuis Verdun, où elle cesse d'être navigable, jusqu'à la rencontre de la ligne de première classe n° 3, près de Foug. La distance est de 80 kilomètres, et la pente est évaluée à 48 mètres. La Meuse aurait en outre besoin d'importantes améliorations dans tout son cours, depuis Verdun jusqu'à la frontière des Pays-Bas.

Communication de Dieuze à la Moselle et à la ligne de première classe n° 3.

L'accroissement que peut prendre l'exploitation des salines des environs de Dieuze fait regarder comme utile de leur assurer plusieurs débouchés, ainsi que des moyens d'y faire arriver le combustible. On a déjà travaillé à leur assurer une communication fort importante avec la Sarre, par le canal de Dieuze à la Sarre, que des circonstances particulières ont fait suspendre. Nous proposons de leur ouvrir un nouveau débouché, soit en liant le bief de partage du canal que nous venons de rappeler avec le canal de premier ordre de Paris à Strasbourg, près de l'Étang de Gondrexanges, soit en ouvrant une branche de canal le long de la Seille jusqu'à Metz.

Canal latéral à la Seille.

Cette dernière branche n'offrirait aucune difficulté remarquable, passerait sous Marsal, et suivrait la Seille jusqu'à Metz. Sa longueur serait de 88 kilomètres, et sa pente est évaluée à 41 mètres.

Jonction de la Seille à la ligne de navigation de première classe n° 3.

Une ligne de navigation partant de la ligne de première classe n° 3, près de Gondrexanges, pour rejoindre le canal de Dieuze à la Sarre, à un bief de partage près de Kutling, aurait l'avantage d'alimenter ce point de partage, en prenant des eaux abondantes que reçoit près des Vosges la ligne de première classe, et de desservir assez bien les relations de Dieuze, avec toute l'étendue du canal de première classe, soit du côté de l'Alsace, soit du côté de la Lorraine et de la Champagne. Cette ligne passerait près de Diane-Capelle, à l'est de l'étang de Stock, pour rejoindre à l'est de Saint-Jean le tracé projeté pour une rigole alimentaire du canal de Dieuze à la Sarre. La longueur de canal à ouvrir serait de 25 kilomètres, et la pente de 36 mètres.

On a proposé d'ouvrir une communication entre la Seille et la Meurthe, de Brin à Bouxières-aux-Dames, à deux lieues au-dessous de Nancy; mais la longueur du souterrain à ouvrir et la difficulté d'alimenter le point de partage rendraient cette ligne trop dispendieuse relativement à son utilité.

Il sera avantageux de faire un canal latéral à la Sarre, depuis la frontière allemande, non seulement jusqu'à l'embouchure du canal venant de Dieuze, mais jusqu'aux environs de Sarrebourg, pour rattacher cette navigation à la ligne de première classe, n° 3, au nord de Niderviller. Le transport des combustibles venant de Sarrebruck, et se dirigeant sur l'Alsace, gagnerait à cette disposition un raccourcissement de trajet de huit lieues. Le travail le long de la Sarre serait en lit de rivière, sur 35 kilomètres, et en canal, sur 33; la pente à racheter évaluée à 82 mètres.

CANAUX DE LA TROISIÈME RÉGION.

Communication de la Haute-Marne avec la Haute-Saône.

Le transport des grains, des fers et des autres produits naturels ou industriels des pays qu'arrose la Marne, vers le midi du royaume, réclame une voie navigable pour arriver à la Saône. Quoique les formes du terrain ne s'y prêtent pas d'une manière satisfaisante, nous allons rechercher quelle serait là direction la moins défavorable pour l'établir.

La ligne de navigation de premier ordre, n° 3, de Paris à Strasbourg, passe par Vitry, et c'est de ce point que doit partir la ligne dont nous nous occupons maintenant; de Vitry, le canal suivra la droite de la Marne; il rentrera dans le lit de la Marne sous la Neuville-au-Pont, et suivra cette rivière jusqu'au-dessous de Saint-Dizier. Il suivra ensuite la gauche de la vallée jusqu'à Chaumont, et jusqu'à Humes, village à une lieue et demie au nord de Langres.

De là, pour arriver à la Saône, on peut balancer entre deux directions, dont l'une emprunte la vallée du Saulon, et l'autre celle de la Vingeanne, deux rivières affluents de la Saône. La première nous paraît préférable, parcequ'elle exige un souterrain moins long, qu'elle nous semble offrir plus de ressources pour l'entretien du bief de partage, et qu'elle peut enfin être dirigée sur Gray, où se trouvent des moyens de commerce créés dès long-temps, et qu'il est convenable de favoriser.

En conséquence, de Humes, le canal suivra la gauche du vallon du ruisseau formé par les diverses sources de la Marne jusqu'à Saint-Maurice; de là, il coupera le faîte entre la Marne et la Saône, par un souterrain de 2,500 mètres de longueur dirigé sur la tête du vallon du ruisseau de Culmont, et il se prolongera ensuite par le vallon de ce ruisseau jusqu'à la rencontre de la vallée du Saulon, près de Belmont. Il suivra la droite de cette vallée, et arrivera ainsi à la Saône; mais on croit qu'il sera possible, au-dessous de Champlitte, de soutenir le canal sur le coteau à droite du Saulon, et, par une coupure dans le faîte intermédiaire, de le dériver dans le vallon d'Ecuelle qu'il suivra jusqu'à la Saône près de Gray.

L'entretien du bief de partage est la plus grande difficulté de ce projet; les environs de Langres, considérés dans un cercle de huit ou neuf lieues de rayon, présentent des cours d'eau généralement divergents, et ce n'est qu'en supposant le point de partage établi à une assez grande profondeur, que l'on peut reconnaître la possibilité d'y amener les eaux les plus élevées des sources circonvoisines. Une première rigole recueillera les eaux des ruisseaux de la Marnotte et de Corlée; une autre dérivera les ruisseaux de Châtenay et d'Orbigny; et traversant la hauteur entre ces ruisseaux et celui de Polseul, par une galerie souterraine, située à l'ouest d'Orbigny-au-Val et à l'est de Bannes, elle ira prendre ce dernier ruisseau et celui de Neuilly, près des villages de Pressot et de Neuilly; une troisième rigole enfin pourra amener du côté du midi la source du petit ruisseau du Pailly. La longueur totale de ces rigoles sera de 32 kilomètres, non compris la galerie souterraine de 2,000 mètres, entre Bannes et Orbigny; et elles réuniront les produits d'à peu près sept lieues carrées de pays, en formant des réserves des eaux d'hiver, et ne négligeant aucun des moyens que donne l'art pour économiser la dépense d'eau. Les ressources que l'on vient d'indiquer et qu'on croit difficiles d'augmenter, suffiront, à ce que l'on présume, pour desservir la navigation de la Marne à la Saône.

La longueur du canal à creuser à ciel ouvert, depuis Vitry jusqu'au souterrain, entre Saint-Maurice et Culmont, sera de 173 kilomètres, sur une pente évaluée à 256 mètres. Du même souterrain, jusqu'à la Saône, près de Gray, par le tracé que nous avons indiqué, la longueur du canal sera de 54 kilomètres, avec 156 mètres de pente.

La navigation déjà établie sur la Saône, de Gray jusqu'à Saint-Jean-de-Losne, a besoin d'améliorations importantes sur un développement de 72 kilomètres, et une pente qu'on évalue à 55 mètres.

Canal le long de l'Aube, et jonction avec la Haute-Marne.

La navigation de l'Aube a lieu déjà jusqu'à Arcis, et ne remonte guère au-delà; à partir d'Arcis jusqu'à Lesmont, au-dessus de l'embouchure de la Voire, le canal proposé suivra la gauche de l'Aube. Là, il se portera du côté opposé de cette rivière, dont il remontera la vallée jusqu'à Bar-sur-Aube, et jusqu'à l'embouchure de l'Anjou, au-dessous et près de Clairvaux. Il suivra la droite de la vallée de l'Aujon jusqu'à la hauteur de Maranville, et de là il se détournera pour prendre le vallon du ruisseau de Bréaux, qu'il remontera jusqu'à son sommet. Passant ensuite par une gorge au nord de Bricon, il gagnera un vallon marécageux, situé entre Val-de-Lancourt et Montfaon, qui conduit à celui du ruisseau de Buxières. Le canal descendra par ce dernier jusqu'auprès de Berthenay, où il se reliera à la navigation latérale de la Haute-Marne.

Le point de partage, situé entre la tête du vallon du ruisseau de Bréaux et celle du vallon du ruisseau de Buxières, sera alimenté par une dérivation de l'Aujon, prise vers Montribour, et amenée par une rigole qui pourra, selon ce qu'on présume, être détournée du côté du nord-est, au-dessus de Château-Vilain, pour être dirigée sur les environs de Bricon, où elle arrivera au bief de partage. Elle aura 18 kilomètres de longueur, et recueillera les eaux de plus de douze lieues carrées de pays.

La longueur du canal, depuis Arcis-sur-Aube jusqu'au bief de partage, sera de 102 kilomètres, et la pente, évaluée à 179 mètres; du bief de partage jusqu'au canal latéral de la Marne, la longueur sera de 13 kilomètres, et l'on estime la pente à 29 mètres.

Jonction de la Haute-Seine au canal de Bourgogne.

On s'est beaucoup occupé déjà, et à plusieurs reprises, d'une communication navigable le long de la Seine jusqu'à Troyes, et même jusqu'à peu de distance au-dessous de Châtillon; l'exécution de ces travaux a été entreprise entre l'embouchure de l'Aube et Troyes, puis suspendue, et on a tenté dernièrement un appel aux spéculateurs pour la reprendre. Cette partie étant bien connue, je m'abstiendrai d'en parler, et je me bornerai à indiquer à l'étude des ingénieurs une nouvelle ligne navigable de Troyes jusqu'à Dijon, si des besoins ultérieurs font reconnaître l'utilité de relier la Haute-Seine avec la Saône, indépendamment du canal de Bourgogne.

Le canal proposé au-dessus de Troyes suivra en général la rive droite de la Seine jusqu'à Bar-sur-Seine, traversera l'Ource au-dessus de cette ville, et continuera à suivre, autant qu'on le pourra, le même côté de la vallée jusqu'à Châtillon-sur-Seine ; au-delà, il sera tracé en remontant le long de la Seine jusqu'au-dessus de Bellenot, et là, il prendra le vallon d'un ruisseau intermédiaire à la Seine et au ruisseau d'Aignay-le-Duc; il suivra la branche de ce vallon, dont le prolongement sur le village de la Margelle-sous-Lery. Le bief de partage sera placé au nord-ouest de ce village, et on présume qu'il sera possible de le creuser avec un souterrain assez court, qu'on suppose de 2,000 mètres au plus. Le canal descendra de là dans la vallée de l'Ignon, qu'il suivra sur la droite de ce ruisseau. On pourrait le conduire le long de l'Ignon et de la Tille jusqu'aux environs de Jenlis, et traversant l'Ouche au-dessus de Varanges, le rattacher au canal de Bourgogne, près de Longecour, à peu près à moitié distance entre Dijon et Saint-Jean-de-Losne.

Mais le tracé suivant paraît mériter la préférence, s'il ne s'y rencontre pas de trop grandes difficultés. A partir des environs du village de Compasseur sur l'Ignon, on se soutiendra de niveau, de manière à pouvoir couper la hauteur entre l'Ignon, près du Dienay, et le village de Chaignay : on suivra le contour du vallon de Chaignay, où on le traversera par un canal élevé en remblai et un aqueduc, et l'on gagnera ainsi une gorge entre Épagny et Marcennay, par laquelle, en passant à l'est de Savigny et de Messigny à la vallée de la rivière de Suzon, près de Ventoux, on suivra cette vallée jusqu'à Dijon, et l'on rejoindra le canal de Bourgogne au-dessous de cette ville.

Le point de partage sera alimenté par les eaux du ruisseau de Lery et d'un affluent de ce ruisseau par celles des ruisseaux de Pellerey, de Champaigny et de l'Ignon ou de Saint-Seine; enfin on y joindra une dérivation de la Seine prise entre Chanceaux et Billy. Les rigoles nécessaires pourront avoir 65 kilomètres de développement, et elles recueilleront les eaux de 11 lieues carrées de pays.

La longueur du canal depuis Troyes jusqu'au faîte entre la Seine et la Saône, au nord-ouest de la Margelle, sera de 121 kilomètres, avec une pente qu'on estime à 242 mètres; de ce point jusqu'à Dijon, la longueur du canal sera de 51 kilomètres, et la pente est évaluée à 162 mètres.

Jonction de la Marne à la Seine.

Cette jonction fera suite à celle du canal de Saint-Quentin à l'Aisne et à la Marne, dont nous avons parlé en traitant des canaux de la deuxième région. Le canal partira de Jaallons, remontera le vallon de la petite rivière de Soude, en passant près de Pocancy, Chaintrix, Villeseneux et Ecury-le-Repos. Au midi de ce dernier village, on se dirigera par un souterrain de 1,800 mètres de longueur sur le vallon du ruisseau de Fère-Champenoise, qu'on rejoindra un peu au-dessus de ce bourg. Le canal descendra le long de ce dernier ruisseau jusqu'auprès d'Anglusselles, et de là on le dérivera par la vallée marécageuse de Taas et de la Chapelle-Lasson pour gagner l'Aube au-dessous d'Anglure, à peu de distance du point où la navigation de l'Aube et celle de la Seine se réunissent.

Le point de partage placé au midi d'Ecury-le-Repos sera entretenu par les eaux du ruisseau de Sommesous prises au-dessous de Lenhare, par celles du ruisseau de Connantray prises au-dessus de ce village, et enfin par des eaux dérivées des marais de Saint-Gond, qui sont de 9 mètres plus élevées que celles d'Ecury-le-Repos, et de 20 mètres au-dessus de celles de Fère-Champenoise. La rigole qui prendra les eaux des marais de Saint-Gond aura une galerie souterraine de 1,500 mètres de longueur. Les souterrains dont il s'agit ici seront ouverts dans la craie, et offriront peu de difficultés. Les rigoles auront ensemble 20 kilomètres de longueur, et en supposant qu'on ne puisse faire usage que d'un cinquième des eaux que reçoivent les marais dont on a parlé, le bief de partage recevra toujours les produits de plus de huit lieues carrées de pays.

Le canal proposé aura 42 kilomètres de longueur depuis la Marne jusqu'au souterrain au midi d'Ecury-le-Repos, sur une pente qu'on estime de 70 mètres; de la sortie du même souterrain jusqu'à l'Aube, il aura 32 kilomètres, avec une pente évaluée à 57 mètres.

Ligne de la Haute-Marne au canal de Bourgogne.

Cette ligne établira la communication du canal latéral de la Marne au-dessus de Vitry, au canal latéral de l'Aube près de Lesmont; de celui-ci au canal latéral de la Seine au-dessus de Troyes; et enfin de ce dernier au canal de Bourgogne, près de Saint-Florentin. Nous allons examiner successivement ces trois jonctions.

Jonction de la Marne à l'Aube, de Vitry à Lesmont.

Le canal de la Marne à l'Aube s'embranchera sur celui qui doit remonter de Vitry à Saint-Dizier, sur environ une lieue de longueur; il s'élèvera jusqu'à la hauteur du bief de partage, qui se dirigera du nord-ouest au sud-est, passant à peu de distance au nord de Nuizement. De là le canal suivra la droite du ruisseau de Nuizement, et ensuite celle de la rivière de Voire, qu'il traversera au-dessus de Ronay, pour venir également traverser l'Aube auprès de Lesmont, et se rattacher au canal latéral à cette dernière rivière.

On pourrait conduire au bief de partage des eaux de la Blaise, de la Voire, et de divers autres cours d'eau qui descendent de la forêt du Der; mais on pense qu'il suffira d'une dérivation de la Blaise prise au-dessus d'Éclaron, et amenée par une rigole de 18 kilomètres de longueur.

La branche de canal descendant du point de partage vers la Marne sera de 5 kilomètres, avec une pente évaluée à 30 mètres, et du côté de l'Aube, de 44 kilomètres, avec une pente estimée à 44 mètres.

Jonction de l'Aube à la Seine, entre Lesmont et Troyes.

Le canal quittera celui qu'on a proposé d'ouvrir latéralement à l'Aube, vis-à-vis de Lesmont; il se dirigera par Ville-Hardouin et Villiers-le-Brûlé, sur le point de partage qui sera placé près du hameau de Vaudemanches, entre Dosches et Gerodot; le canal descendra ensuite à la vallée de la Barse, près de la Rivour; il suivra la Barse et la traversera près de Ruvigny pour rejoindre le canal latéral de la Seine vis-à-vis l'embouchure de la Mogne dans cette rivière, entre Sancey et Courgerenne.

Le bief de partage sera alimenté par une rigole de 12 kilomètres de développement, qui dérivera des eaux de la Barse sous Monstier-Amey, et recueillera ainsi les produits de plus de 12 lieues carrées de pays. La branche de canal descendante à l'Aube aura 17 kilomètres de longueur et une pente qu'on estime à 44 mètres; l'autre branche descendante à la Seine aura 16 kilomètres avec une pente évaluée à 25 mètres.

Jonction de la Seine au canal de Bourgogne, ou de Troyes à Saint-Florentin.

La dernière partie de la communication de la Marne au canal de Bourgogne prendra son origine sur le canal latéral de la Seine, à une demi-lieue au-dessus de l'embouchure du précédent. Il traversera la Seine au-dessous de Verrières et la petite rivière de l'Hozain près d'Isle. Il suivra la droite du vallon de la Mogne jusqu'au bief de partage qui sera placé à l'est de Saint-Fal, entre les hameaux de Jenny et de Pont-à-Verrier; le canal descendra ensuite par le vallon du ruisseau de Chamoy jusqu'à celui de la rivière d'Armance près d'Avreuil. De là il suivra la droite de l'Armance, la traversera au-dessus d'Ervy, et viendra rejoindre le canal de Bourgogne au-dessus de Saint-Florentin. La longueur de la branche comprise du point de partage à la Seine sera de 20 kilomètres sur une pente qu'on estime de 35 mètres; et celle du côté de l'Armançon sera de 34 kilomètres de longueur avec une pente évaluée à 59 mètres.

Le bief de partage recevra d'une part les eaux du ruisseau de Chamoy, d'une autre, celle de la source de la Mogne, et enfin, d'un troisième côté, les eaux du ruisseau de Palluau et celles de l'Armance prises sous Chaource. Les rigoles qui les recueilleront auront ensemble 34 kilomètres de développement et réuniront les produits de huit lieues carrées. On juge qu'il serait trop dispendieux et inutile de chercher à ajouter aux ressources précédentes, en allant chercher les eaux de l'Hozain aux environs de Lantages ou du ruisseau du Landion vers Etorvy.

Jonction de la Moselle à la Saône, par le Madon.

On a depuis long-temps songé à établir une communication entre la Moselle et la Saône; la direction la plus avantageuse nous paraît la suivante, qui a déjà été indiquée.

Un canal qui se rattachera à la ligne de navigation n° 3, près de Toul, partira de cette ville et suivra la gauche de la Moselle et celle du Madon jusqu'à Mirecourt, et de là jusque près de Lerrin; là il prendra le vallon de Jesonville et coupera le faîte intermédiaire à la Saône et à la Moselle, en se dirigeant sur le sommet du vallon du petit ruisseau qui coule au sud-est de Dombasle; de là il suivra les bords de la Saône jusqu'à Gray. Le bief de partage qui se trouvera au sud de Jesonville sera entretenu par quatre rigoles; la première prendra la Saône au-dessus de Belrupt; la seconde, les ruisseaux de Senonges, Thuillières et Saint-Balmont; la troisième, les ruisseaux d'Esley et de Valfroicourt; enfin la quatrième dérivera le Madon, les ruisseaux de Pierrefitte et d'Illon. On réunira ainsi les eaux de dix lieues carrées de pays, et le développement total des rigoles sera de 72 kilomètres.

La longueur du canal, depuis Toul jusqu'au faîte entre la Saône et la Moselle, sera de 97 kilomètres, sur une pente qu'on évalue à 144 mètres; du faîte jusqu'à Gray on estime la pente à 152 mètres sur 147 kilomètres de longueur.

Jonction de la Haute-Meuse au Madon.

La jonction directe de la Meuse à la Saône offrirait des difficultés, mais elle peut s'effectuer assez aisément par l'intermédiaire du Madon et de la ligne dont nous venons de parler.

Le canal s'embranchera sur la ligne de navigation de première classe de Paris à Strasbourg, près de Pagney sur Meuse; il remontera en suivant la gauche de la vallée, d'abord le long de la Meuse, et ensuite le long du Vair et de la Vraine, rivières qui, réunies près de Removille, se jettent dans la Meuse, à deux lieues et demie au-dessous de Neufchâteau. On arrivera ainsi au-dessus de Gironcourt, et l'on prendra le vallon du Ménil-Saint-Ois, que l'on remontera jusqu'à l'est du grand étang de Biécourt. De là, passant près de Dombasle-Saint-Ois, on se dirigera sur le vallon du ruisseau de Rouvres, que l'on suivra jusqu'à son embouchure dans le Madon sous Mirecourt.

On alimentera le bief de partage, d'une part par les eaux des ruisseaux d'Aboncourt et de Maconcourt, et d'autre part par celles de la Vraine au-dessus de Saint-Menge ou Beaudricourt, du ruisseau de Vittel et du Vair pris au-dessous de Dombrot. Pour abréger la rigole qui ira chercher les eaux du Vair, on pourra former une coupure, ou même une galerie souterraine de 600 mètres de longueur entre Gironcourt et Houécourt. Indépendamment de cette portion souterraine, ces rigoles auront ensemble 36 kilomètres de développement, et recueilleront les eaux de treize à quatorze lieues carrées.

Le canal depuis Pagney-sur-Meuse jusqu'au point de partage aura 59 kilomètres de longueur, et l'on estime sa pente à 92 mètres. Du point de partage jusqu'au canal latéral au Madon, la longueur sera de 11 kilomètres, et la pente est estimée de 27 mètres.

Jonction de la Moselle supérieure à la Saône.

On a proposé de joindre la Moselle à la Saône par le Coney, en plaçant le point de partage à l'étang de Voi de Cône, dont les eaux se divisent d'elles-mêmes, et par des vallons opposés se rendent à l'une et à l'autre de ces deux rivières. Mais un accident local, tel qu'une source ou un étang dont les eaux se partagent naturellement, et qui peut se rencontrer en un point quelconque d'un faîte, n'indique pas toujours, lorsqu'on étend sa vue sur toute la longueur du faîte, la position la plus avantageuse pour un point de partage de canal. L'étang de Voi de Cône n'est pas inférieur aux sources circonvoisines; et, en le transformant en un bief de partage, il faudrait pour l'alimenter y conduire des eaux prises au pied des montagnes des Vosges. En admettant qu'on fasse usage de ces ressources, nous croyons devoir donner la préférence à la ligne que nous allons indiquer, qui, à l'avantage d'être plus courte, joint, à ce que nous croyons, celui de s'élever à une moindre hauteur que celle qui passerait par le Coney.

Le canal s'embranchera sur la ligne de la Moselle à la Saône par le Madon, près de l'embouchure de cette dernière rivière qu'il traversera. Il remontera ensuite par la gauche de la Moselle, jusqu'au-dessus d'Arches, village à deux lieues et demie au sud-est d'Épinal. Là, il prendra le vallon du ruisseau de Ravon ou Raon-aux-Bois, qu'il suivra jusqu'au bief de partage situé entre les hameaux de Mailleronfaing et de Voi de Feny. Il gagnera ainsi le sommet du vallon du ruisseau de Belle-Fontaine, qu'il suivra pour descendre ensuite par les vallées de l'Angronne, de la Semouse et de la Lantenne, jusqu'à la Saône, qu'il traversera au-dessus de Port-sur-Saône, pour se rattacher à la ligne de navigation qui se dirige sur la Moselle par le Madon.

Le bief dont nous avons déterminé la position, recevra d'abord quelques sources du ruisseau de Belle-Fontaine, et on y fera entrer facilement les eaux des divers cours d'eau, dont la réunion forme le ruisseau de Raon. En outre, une rigole qui dérivera les eaux de la Moselle entre Rupt et Ramonchamp, suivra les développements du coteau à gauche de cette rivière, passera au sud de Remiremont, et, remontant le vallon d'un petit ruisseau à l'ouest de cette ville, elle passera par une coupure ou un souterrain de 600 mètres de longueur, entre les hameaux de Rouverois et de Faillère, dans un petit vallon qui porte ses eaux dans le ruisseau de Raon-aux-Bois. La longueur totale des rigoles, non compris la portion souterraine, sera de 48 kilomètres, et l'on réunira les eaux de plus de 11 lieues carrées de pays.

La branche du canal descendante du bief de partage du côté de la Moselle, aura 89 kilomètres, et celle du côté de la Saône 53 kilomètres; la pente de la première est évaluée à 163 mètres, et celle de la seconde à 122 mètres.

La grande hauteur du bief de partage et les difficultés qu'offrirait le tracé de la rigole principale, s'opposeront peut-être à l'exécution de ce canal, mais la ligne que nous venons d'indiquer, ou même celle par le Voi de Cône, pourront donner lieu à l'établissement d'un chemin de fer, si l'importance de la circulation commerciale dans cette partie l'exigeait. Il suffirait de faire remonter la navigation latéralement à la Moselle jusqu'à Épinal.

Communication de la Haute-Saône au canal du Rhône au Rhin, près de Montbelliard.

La multiplicité des relations qui existent, ou qui doivent se former entre les départements de la Haute-Saône et des Vosges d'une part, et l'Alsace et la Suisse de l'autre, pourra rendre désirable l'ouverture d'une voie navigable qui unisse les divers canaux dont nous venons de parler à la ligne de navigation de première classe, n° 10, par laquelle on établit la communication du Rhône au Rhin par le Doubs et l'Ill, et dont une branche doit lier Mulhausen et Bâle. C'est au pied des Vosges, et en liant entre elles les rivières qui tombent du midi de ces montagnes, que nous concevons la possibilité de tenter le tracé de la communication dont il s'agit.

On quittera le canal qui doit aller de la Moselle supérieure à la Saône, au-dessus de Port-sur-Saône, pour prendre la vallée de la Lantenne; on traversera cette rivière au-dessous de Conflans, et l'on tracera le canal sur la gauche de la vallée de la Lantenne, qu'on suivra jusqu'à peu de distance de Quers; on remontera ensuite vers le sud-est pour arriver à un premier point de partage placé au sud sud-est de Quers, duquel on se dirigera vers Lure pour descendre à l'Oignon, qu'on traversera à l'est de cette petite ville; de là le canal remontera vers le nord-est, arrivera au nord de Roye, et suivant le vallon du Rahain jusqu'à Champagney, il se portera de l'autre côté du même vallon pour aller se diriger vers la Grange du Ban, près de laquelle sera le second point de partage qui rejoindra un des rameaux dont la réunion forme le ruisseau de Frahier. On arrivera en suivant le vallon de ce ruisseau à la vallée de l'Isel, le long de laquelle le canal sera tracé jusqu'à Montbelliard. On traversera près de cette ville la rivière d'Halène, et l'on rejoindra le canal du Rhône au Rhin, à une lieue au-dessus de son embouchure dans le Doubs près de Voujaucour.

Le premier point de partage au sud-sud-est de Quers, présentera un souterrain de 1,500 mètres, et sera alimenté par une dérivation de la Lantenne, prise près de Lantenot, par des eaux du ruisseau de la Courberotte et une dérivation de l'Oignon, prise au-dessus de Saint-Pierre les Melisey; la rigole qui amènera cette dernière dérivation passera par une coupure près du hameau de la Goulotte dans un vallon près du hameau du Bas, et de là, développant les coteaux à droite de ce vallon, on l'introduira par une seconde coupure près de Lantenot dans la vallée de la Lantenne. Il y aura en total pour ce point de partage, 18 kilomètres de rigoles à ciel ouvert et 1,500 mètres en coupure profonde, ou en galerie souterraine.

Pour alimenter le second bief de partage entre Frahier et Champagney, on prendra les eaux du Rahain à Plancher bas; si on les regarde comme insuffisantes, on y joindra, outre les sources de l'Isel, une dérivation des ruisseaux d'Auxelle et de la Savoureuse prise au-dessus de Giromagny, et introduite au nord-est de Frahier, dans un des vallons affluents de l'Isel. Les rigoles auront en tout 30 kilomètres de développement.

Le canal se divise en quatre parties; la première, de son origine près de Conflans, jusqu'au premier point de partage, aura 25 kilomètres de longueur, et l'on estime sa pente à 73 mètres; la deuxième, depuis le premier point de partage jusqu'à l'Oignon, à l'est de Lure, aura 11 kilomètres, sur une pente évaluée à 25 mètres. La troisième, depuis l'Oignon jusqu'au second point de partage, aura 18 kilomètres de longueur, avec une pente estimée à 40 mètres. Enfin, la quatrième descendante de ce second point de partage à Montbelliard, aura 27 kilomètres sur une pente présumée de 81 mètres.

CANAUX DE LA QUATRIÈME RÉGION.

Canal de l'Yonne à la Loire par l'Aron et le souterrain de la Colancelle.

On exécute dans ce moment le canal de l'Yonne à la Loire, connu sous le nom de canal de Nivernais; il formera une ligne navigable d'Auxerre sur l'Yonne, à Decize sur la Loire, en remontant la vallée de l'Yonne jusqu'au vallon de Sardi, qu'il emprunte pour aller franchir le faîte par un souterrain près du hameau de la Colancelle et de celui de Baye; il descend à la vallée de l'Aron, qu'il rejoint au-dessus de Mingot et de Châtillon, et suit cette rivière jusqu'à son embouchure dans la Loire. Sa longueur doit être de 190 kilomètres.

Canal de l'Yonne à la Loire, de Clamecy à Cosne.

Le canal de Clamecy à Cosne s'embrancherait sur le précédent à Clamecy, suivrait le vallon du ruisseau du Sozay ou de Corvol, jusqu'au-dessus de Corbelin; de là, prenant une gorge à l'ouest, il se dirigerait sur Menetreau et franchirait le faîte par un souterrain de 5,500 mètres de longueur. Il descendrait par la vallée du Nouain jusqu'à la Loire à Cosne, et traverserait cette rivière pour venir se rattacher au canal latéral à la Loire, ouvert sur la gauche de ce fleuve.

Le bief de partage placé près de Menetreau serait alimenté par les eaux du Nouain, prises au-dessous des étangs de Saint-Cir-les-Entrains, et par celles des ruisseaux de Corbelin et d'Oudan, par des rigoles de 12 kilomètres de longueur. On réunira ainsi les eaux de 12 lieues carrées de pays, et nous croyons inutile d'aller chercher celles du ruisseau de Varzy.

Le canal aurait en tout 53 kilomètres de longueur, dont 16 sur le versant de l'Yonne, et 37 sur celui de la Loire; la première branche aurait, à ce qu'on présume, 39 mètres de pente à racheter par des écluses, et la seconde 84 mètres.

Ligne de l'Yonne au canal de Bourgogne, par la Cure, le Voisin, le Cousin et le Serain.

Ce canal ouvrirait une communication directe de la vallée de l'Yonne à Dijon et à la Saône, en empruntant une partie du canal de Bourgogne. Une première partie formerait la jonction de l'Yonne au Serain, et la seconde relierait le Serain au canal de Bourgogne.

La première partie du canal s'embrancherait sur l'Yonne à Cravant, remonterait la vallée de la Cure jusqu'au-dessous de Givry, où elle emprunterait celle du Voisin, et passerait à celle du Cousin, qu'elle suivrait jusqu'au-dessus des ponts de Cussy. Il remonterait ensuite le vallon du petit ruisseau de Sainte-Magneance, d'où il arriverait par une tranchée dans le faîte au sud-ouest de Vieux-Château dans un petit vallon affluent du Serain.

Le bief de partage serait alimenté par une dérivation des eaux du ruisseau de l'Argentalet, prises à Saint-Pellerin, et de celles du Cousin, prises à une demi-lieue à l'ouest de Saint-Germain de Modéon. L'ensemble des rigoles aurait 34 kilomètres de longueur, et réunirait les eaux d'environ huit lieues carrées. La longueur de cette partie du canal serait de 55 kilomètres de Cravant jusqu'au point de partage, et de 7 kilomètres du point de partage jusqu'au Serain; la pente à monter est estimée à 95 mètres, et celle à descendre de 18 mètres.

La seconde partie du canal remonterait la vallée du Serain jusqu'à Precy-sous-Thil, où elle prendrait le petit vallon du hameau de la Maison-Dieu, en se dirigeant sur Nam-sous-Thil, d'où elle viendrait se rattacher sans descendre d'une écluse à un bief du canal de Bourgogne près Saint-Thibaut. Cette partie de canal n'aura qu'une seule pente et pas de point de partage; elle sera alimentée par une courte dérivation de l'Armançon, prise au-dessus de Normier, et sa longueur sera de 34 kilomètres avec une pente de 160 mètres.

Navigation de l'Arroux.

Cette petite rivière est navigable sur 17 kilomètres environ près de son embouchure dans la Loire; cette navigation aurait besoin d'être améliorée, et d'être prolongée par un canal latéral au moins jusqu'à Autun, sur une longueur ensemble de 62 kilomètres, qui offrent une pente qu'on estime à 80 mètres. Il serait intéressant de prolonger cette ligne jusqu'au canal de Bourgogne près de Pouilly; mais le grand nombre d'écluses et la difficulté d'alimenter dans cette localité une nouvelle branche de navigation, en détourneront probablement. Je pense qu'on pourrait y substituer un chemin de fer qui devrait suivre l'Arroux et le ruisseau de Saint-Pierre ou des Gors jusqu'au-dessus de la Canche, d'où il se dirigerait en traversant le faîte par une coupure sur Escutigny et la vallée de l'Ouche au-dessous de Bligny, et reviendrait rejoindre le canal de Bourgogne près du Pont d'Ouche, à l'embouchure du ruisseau de Vandenesse.

Jonction de l'Arroux à l'Aron.

La jonction de l'Arroux à l'Aron aurait pour objet de lier la vallée de l'Arroux directement avec le canal de Nivernais et l'Yonne.

Ce canal partirait de l'Arroux à deux lieues au-dessus de Toulon, suivrait le vallon au sud de Thil. Le point de partage placé entre les hameaux de Boussalle et des Coureaux, comporterait un souterrain de 1,800 mètres, et serait alimenté par des eaux de l'Arroux prises au-dessus de Saint-Nizier, et par une dérivation de la rivière d'Haleine commençant vis-à-vis du hameau de la Planche. La longueur des rigoles nécessaires serait de 21 kilomètres. Le canal suivrait ensuite la rivière d'Haleine jusqu'à son embouchure dans l'Aron près de Cercy-la-Tour, où il se rattacherait au canal de Nivernais. La partie de canal comprise entre l'Arroux et le point de partage aurait 8 kilomètres et 18 mètres de pente, et celle qui descendrait à l'Aron aurait 41 kilomètres et 78 mètres de pente.

Canal de Berry.

Le canal de Berry est en cours d'exécution : il se compose de plusieurs branches; l'une part de la Loire à l'embouchure de l'Aubois, où elle s'embranche sur le canal latéral à la Loire; elle remonte par la vallée jusqu'au point de partage placé entre Sancoins et le hameau de Lienesse, et descend ensuite dans la vallée de l'Auron. Une seconde branche part de ce point, suit en descendant le cours de l'Auron jusqu'à Bourges, de là celui de l'Evre jusqu'à Vierzon, et enfin le Cher jusque près de Tours, où elle se rattache à la Loire par une coupure faite nouvellement à l'est de cette ville. Une troisième branche, prolongeant la première, passe de la vallée de l'Auron dans celle de la Marmande, affluent du Cher, près de Saint-Amand, et arrivée à cette ville, remonte la vallée du Cher jusqu'à Montluçon.

Communication du canal de Berry avec le canal de Bordeaux à la Haute-Loire, ou ligne de première classe n° 11.

Pour relier le canal de Berry à la ligne de première classe, n° 11, on pourrait ouvrir une branche qui, partant de l'embouchure de l'Aumance ou l'Aumonce dans le Cher, près de Meaulne, au-dessus de Saint-Amand, suivrait les vallées de cette rivière, de celle de l'Œil, du ruisseau de la Thernille et de celui de Sazeret, village à une demi-lieue au nord de Montmarault : on franchirait par un souterrain de 3,000 mètres de longueur, percé entre Sazeret et Montmarault, le faîte qui divise les affluents de l'Allier de ceux du Cher. Le bief de partage serait alimenté par les eaux des ruisseaux de Saint-Bonnet, du Montet, de Vernuesse et de la Bouble, prise au moulin du Role ; ce qui exigerait 46 kilomètres de longueur derigoles, recueillant les eaux de onze lieues carrées de pays. Le canal suivrait en descendant le cours de la Bouble, pour se réunir à la ligne de première classe, n° 11, au-dessus de Saint-Pourçain, si cette ligne était tracée entièrement le long de la Sioule. Mais si elle est dérivée près de Jenzant pour être dirigée par la vallée de la rivière d'Andelot, il pourra être utile de rechercher s'il ne serait pas possible de tracer la branche de canal dont nous nous occupons en ce moment, de manière à l'amener elle-même près de Jenzant. Un souterrain de 1,000 mètres de longueur, à une demi-lieue à l'ouest de Chantelle, conduirait le canal dans le vallon du ruisseau de Bellenave ; on le développerait sur le coteau, à droite de ce vallon, en passant sous Charroux ; et un second souterrain de 1,000 mètres de longueur encore, placé à une demi-lieue à l'est de Charroux, le conduirait au sommet d'un petit vallon qui se jette dans la Sioule, près de Salles, et à peu de distance de Jenzant ; on franchirait la Sioule par un pont-aqueduc, pour rejoindre enfin le canal de première classe à l'est de Janzant.

Le canal ainsi conçu aurait 47 kilomètres de longueur depuis le Cher jusqu'au point de partage, avec une pente évaluée à 142 mètres, et, du point de partage à la rencontre de la ligne de première classe, 30 kilomètres, et une pente qu'on estime à 53 mètres.

Canal du Cher à la Loire par la Saudre.

Le pays situé au sud de la Loire jusqu'au canal de Berry manque de moyens de communication, et on pourrait en créer une assez utile, en ouvrant un canal latéral à la Saudre depuis son embouchure dans le Cher près de Selles jusqu'au-dessus d'Argent et de Blancafort; un bief de partage, tracé dans la plaine entre Blancafort et Autry, et passant au sommet du vallon du ruisseau de Coullons et des Commailles, irait descendre dans la vallée de la petite rivière de Nord-Yèvre, qui se jette dans la Loire près de Gien. Le bief de partage serait alimenté par une dérivation de la Salereine et de la Saudre prise à une lieue au-dessus de Vailly, à quoi on pourrait ajouter une dérivation de la rivière de Nord-Yèvre prise à Pierrefitte-des-Bois. Les rigoles auraient 48 kilomètres de développement et recueilleraient les eaux de quatorze lieues carrées de pays. La longueur du canal depuis l'embouchure de la Saudre jusqu'au point de partage serait de 101 kilomètres avec une pente présumée de 82 mètres, et du point de partage à la Loire, de 20 kilomètres avec 33 mètres de pente.

Canal de l'Indre et jonction de l'Indre au canal de Berry.

La navigation de l'Indre, de la Loire jusqu'à Loches, est actuellement presque nulle; elle aurait besoin d'être rétablie ou créée; la longueur est de 65 kilomètres, et la pente est évaluée à 40 mètres. Au-dessus de Loches un canal latéral sera nécessaire, et se prolongera jusque près de Saint-Chartier, où il entrera dans le vallon de l'Igneray, qu'il remontera jusqu'au-dessus de l'étang de Thève, d'où il gagnera la vallée de la Sinaise, affluent de l'Arnon, en passant par une gorge au-dessus de Vic-Exemplet. Le point de partage sera alimenté par des rigoles amenant des eaux dérivées de la Sinaise prises sous Château-Meillant, du ruisseau de Saint-Janvrin pris près de ce village, et de l'Igneray pris sous Mont-Levy. Elles auront 33 kilomètres de développement et réuniront les eaux de neuf lieues superficielles de pays.

Le canal descendra par la vallée de la Sinaise jusqu'à l'embouchure de cette rivière près de Touchay; il remontera ensuite la vallée de l'Arnon, et se portera sur la droite de cette rivière, pour traverser au-dessus de Marçais le faîte entre l'Arnon et le Cher par un souterrain de 1,600 mètres, placé près du hameau de Bonnefond, à l'ouest d'Arcomps; de là il descendra par le vallon du ruisseau des Coutards jusqu'à son embouchure dans le Cher près de Saint-Amand; enfin il traversera cette rivière pour se rattacher au canal de Berry à son entrée dans cette ville. Le dernier point de partage près d'Arcomps sera alimenté par des eaux de l'Arnon dérivées près de Saint-Christophe, et au besoin par le ruisseau des Coutards; la rigole qui amènera des eaux de l'Arnon aura 12 kilomètres de longueur et recueillera les eaux de 14 lieues carrées.

La première partie du canal de Loches, au point de partage, près de Vic-Exemplet, aura 121 kilomètres de longueur sur 97 mètres de pente évaluée par estimation; la deuxième partie descendant de ce point de partage jusqu'à Touchay, aura 14 kilomètres de longueur sur 20 mètres de pente; la troisième partie remontant de l'embouchure de la Sinaise dans l'Arnon, jusqu'au point de partage, à l'ouest d'Arcomps, sera de 23 kilomètres, avec une pente estimée à 23 mètres; et la quatrième partie finissant à la rencontre du canal de Berry, aura 12 kilomètres, avec une pente évaluée à 35 mètres.

Canal de la Vienne.

La navigation de la Vienne s'arrête actuellement à Châtellerault, où l'on a établi récemment un barrage pour le service de la manufacture d'armes sans y ménager d'écluse, interceptant ainsi la navigation, qui se prolongeait autrefois jusqu'à 10 kilomètres plus haut.

A partir de Châtellerault donc, on ouvrira un canal latéral à la Vienne, en n'établissant la navigation dans le lit même de la rivière, que dans les parties où les rives offriront de trop grandes difficultés, et on prolongera cette ligne jusqu'à l'embouchure de la petite rivière de la Combade, au-dessus de Saint-Léonard. La longueur de cette navigation sera de 212 kilomètres, avec une pente estimée à 189 mètres.

Canal de la Creuse et jonction avec la ligne de navigation de première classe n° 11.

On formera également une ligne navigable le long de la Creuse, soit en se servant du lit très encaissé de cette rivière, soit en ouvrant un canal latéral, et on la prolongera de l'embouchure de la Creuse dans la Vienne, jusqu'à l'embouchure de la Roseille dans la Creuse, au-dessus d'Aubusson. Un canal remontera la vallée de la Roseille jusqu'à son sommet, près de Saint-Aignant; un souterrain de 2,000 mètres, percé près du hameau de Morney, franchira le faîte entre le bassin de la Creuse et celui de la Dordogne, et conduira au ruisseau de Flayat, dont les eaux doivent entrer dans le bief de partage du canal de première classe, n° 11, entre la Garonne et la Loire, par la Dordogne et la Sioule; la ligne secondaire dont nous traitons en ce moment viendra donc se rattacher au canal de première classe, dans le bief de partage de ce dernier.

Le point de partage de la ligne secondaire devra être établi, s'il est possible, au niveau de l'étang au-dessous de Flayat, et recevoir les eaux qui s'y rendent, auxquelles on joindra celles de Maignac, Bayssac, Mallcrest et Saint-Aignant, ainsi que celles de Saint-Oradoux, amenées par une rigole, qui passera sous une galerie souterraine de 1,200 mètres, près de Saint-Merd-la-Breuille, pour éviter un détour considérable au sud-est.

Les rigoles auraient 40 kilomètres de longueur de développement, et réuniraient les eaux de huit lieues carrées de pays.

La branche qui suivra le cours de la Creuse et de la Roseille, aura 227 kilomètres de longueur et une pente évaluée à 390 mètres jusqu'au point de partage; la branche opposée pour redescendre au point de partage du canal de première classe, n° 11, aura 13 kilomètres de longueur et 15 mètres de pente.

La multiplicité des écluses pourra déterminer à substituer pour cette ligne de communication, si sa nécessité est bien reconnue, un chemin de fer à un canal. Le tracé général pourrait être absolument le même.

Jonction de la Creuse à l'Indre.

On peut établir une communication du canal de l'Indre à celui de la Creuse, formant suite à la ligne qui réunit l'Indre au Cher, près de Saint-Amand. A cet effet, une branche de canal partira de l'embouchure de la Bouzane dans la Creuse, et suivra la première de ces rivières et le Gourdon jusque près de Transault. De là, il sera dirigé sur le sommet d'un vallon au midi de Mers, par lequel il descendra à la vallée du Vauvre ou Bordesoule et à celle de l'Indre, pour se rattacher, près de Mers, au canal latéral à cette rivière.

Le point de partage exigera un souterrain de 2,400 mètres, et sera entretenu par les eaux des rivières du Vauvre et du Magny, prises à leur réunion sous Sarzay, et par celles du Goudron, prises près de l'ancienne abbaye de Varennes. On réunirait ainsi une alimentation fort abondante ; les rigoles auraient 16 kilomètres de développement.

La longueur de la branche venant de la Creuse jusqu'au point de partage, serait de 35 kilomètres, avec une pente évaluée à 45 mètres. La branche opposée descendant à l'Indre aurait 5 kilomètres, et 12 mètres de pente présumée.

Ligne de communication du Cher à la ligne de premier ordre n° 6, de Paris à Bordeaux.

On pense qu'on peut étudier le tracé de cette ligne, en la composant d'une jonction du Cher à la Creuse, par la Magieure et la Petite-Creuse ; de la Creuse à la Gartempe, par la Sedelle et la Seine ; de la Gartempe à la Vienne, par l'Issoire ; et enfin de la Vienne au canal de la Loire à la Charente, faisant partie de la ligne de premier ordre, n° 6, par le Clain.

1° Jonction du Cher à la Creuse.

Le canal s'embrancherait sur celui qui remonte le long du Cher jusqu'à Montluçon, à l'embouchure de la Magieure, remonterait la vallée de cette petite rivière jusqu'auprès de Treignat, d'où il passerait au sommet de la vallée de la Petite-Creuse par un souterrain de 1,000 mètres de longueur ; on recueillera, pour entretenir le bief de partage, les eaux de sept lieues et demie superficielles de pays, en dérivant, par des rigoles qui auraient ensemble 38 kilomètres, les ruisseaux de Soumans, de Leyrat, du Veron ou de Saint-Marien, de Pradeau et des sources de la Magieure. Le canal suivrait ensuite le cours de la Petite-Creuse jusqu'à son embouchure dans la Creuse; sa longueur, le long de la Magieure, serait de 24 kilomètres sur 60 mètres de pente présumée, et, le long de la rivière de la Petite-Creuse, de 58 kilomètres, avec une pente qu'on estime à 88 mètres.

2e Jonction de la Creuse à la Gartempe.

Pour passer de la Creuse à la Gartempe, nous pensons qu'on devra suivre la rivière de Sedelle, depuis son embouchure dans la Creuse, près de Crosant, jusqu'à une demi-lieue au-dessus de la Souterraine; en ce point franchir le faîte entre la Sedelle et la Seine, affluent de la Gartempe, par un souterrain de 1,500 mètres, placé au sud de la Souterraine. Pour alimenter le bief de partage, on dérivera des eaux de la Gartempe, au-dessous de Sallagnac; la rigole remontera un des vallons descendant dans la Gartempe des environs de Saint-Priest-la-Fueille, et par une galerie souterraine de 2,500 mètres, gagnera la partie supérieure du vallon de la Sedelle; on recueillera également les eaux de la Sedelle et des sources de la Seine, et l'on réunira ainsi les produits de dix-huit lieues carrées. L'ensemble des rigoles aura 32 kilomètres de longueur. A la suite du bief de partage, le canal descendra, en suivant la vallée de la Seine, et plus loin, celle de la Gartempe jusque près de Saint-Bonnet. La longueur du canal de la Creuse jusqu'au point de partage sera de 25 kilomètres, et sa pente présumée de 63 mètres. Depuis le point de partage jusqu'à Saint-Bonnet, sur la Gartempe, la longueur sera de 59 kilomètres, et la pente est estimée à 85 mètres.

3e Jonction de la Gartempe à la Vienne.

On passera de la Gartempe à la Vienne par un canal qui remontera le vallon situé au sud de Saint-Bonnet jusqu'au-delà du hameau de La Rochelle, et de là un souterrain de 2,000 mètres conduira au petit vallon de Bonnefont, au nord de Mézière, duquel on descendra, en suivant la petite rivière d'Issoire, jusqu'à la Vienne, près de Saint-Germain.

Le bief de partage sera alimenté par les ruisseaux de Mézière, de Blon, de Mortemart et de Saint-Bonnet, et enfin une rigole serait tracée de manière à prendre les eaux du ruisseau du Glayeule, près de son embouchure dans le Vincou, au-dessus de Bellac, et l'on pourrait abréger ses détours par quelques coupures souterraines: en n'ayant point égard à ces raccourcissements, la longueur des rigoles serait de 38 kilomètres, et l'on réunirait des eaux aussi abondamment qu'on pourrait le désirer.

La branche ascendante du canal aurait 5 kilomètres, avec une pente qu'on estime à 22 mètres, et la branche descendante aurait 24 kilomètres, avec une pente présumée de 47 mètres.

4° Jonction de la Vienne au Clain et au canal de premier ordre n° 6.

Pour parvenir enfin à la ligne de premier ordre, n° 6, qui du Clain doit passer à la Charente, on partira du canal latéral à la Vienne, près d'Availle; on remontera le petit vallon du ruisseau de la Croix-Rouge, et, par un souterrain de 2,000 mètres, on gagnera le vallon du ruisseau de la Cloire et la vallée du Clain; on parviendra ainsi au canal de première classe, près de Vareilles.

Le point de partage sera alimenté par les eaux du ruisseau de la Cloire et celles du Clain, à quoi l'on pourra ajouter, s'il est nécessaire, une dérivation de la Vienne prise au-dessus de Négrat. Les rigoles pourront avoir ainsi 35 kilomètres de développement. Ce canal aurait, entre la Vienne et le point de partage, 3 kilomètres, avec une pente évaluée à 12 mètres; du point de partage jusqu'à la rencontre de la ligne de premier ordre, on aurait 28 kilomètres et une pente présumée de 18 mètres.

Ligne de la Creuse à la Charente.

Une communication de la Creuse à la Charente pourrait s'établir par le Thoron, affluent de la Vienne, et par une jonction de la Vienne, au-dessous d'Exideuil, avec la Charente par la vallée du Son.

1° Jonction de la Creuse à la Vienne par le Thoron.

La communication de la Creuse à la Vienne s'embrancherait sur la première de ces deux rivières, au-dessus d'Ahun-le-Moutier, à Saint-Martial-le-Mont, remonterait par le vallon du ruisseau de Fransèches, et passerait, près et au nord de ce village, par un souterrain de 1,500 mètres, gagnerait la vallée du ruisseau de Saint-George-les-Pouges, affluent du Thoron, suivrait ensuite cette rivière jusqu'à son embouchure dans la Vienne, près de Saint-Priest. Le point de partage serait entretenu par les ruisseaux de Fransèches, de Saint-Sulpice, de Saint-George, de La Chapelle-Saint-Martial et le Thoron, pris sous Banise. Les rigoles qui auraient, à moins de moyens de raccourcissements à étudier sur les lieux, 51 kilomètres de longueur, réuniraient les eaux de douze lieues superficielles de pays.

Entre la Creuse et le point de partage, le canal aurait 6 kilomètres de longueur, avec une pente évaluée à 40 mètres; et du point de partage jusqu'à la Vienne, il aurait 65 kilomètres, avec une pente estimée à 74 mètres.

2e Jonction de la Vienne à la Charente.

Pour passer de la Vienne à la Charente, un canal s'embrancherait sur la ligne de navigation qui suit la rivière de Vienne, au-dessous d'Exideuil, sous Chabanois, et se dirigera sur le sommet de la vallée du Son, rivière qui se jette dans la Charente, au-dessus de Mansle. Le point de partage, placé à l'ouest d'Exideuil, comprendra deux souterrains de 1,800 mètres chacun, et traversera la vallée de la Haute-Charente; de ces deux souterrains, le premier sera à une demi-lieue au sud de Loubert; le second, entre le petit Masdieu et Romazière. Le point de partage pourra être alimenté par les eaux de la Charente, prises à Suris, et par celles de la petite rivière de Rochechouart, prises à l'embouchure du ruisseau de Pressignac; les rigoles auraient 36 kilomètres de longueur, et recueilleraient les eaux de treize lieues carrées. Le canal aurait, entre la Vienne et le milieu du bief de partage, 3 kilomètres, et une pente présumée de 22 mètres. La seconde branche, jusqu'à la Charente, aurait 29 kilomètres, avec une pente que l'on présume être de 76 mètres.

On pourrait éviter le second souterrain du bief de partage et suivre la vallée de la Charente, à laquelle on arrive immédiatement en quittant celle de la Vienne; mais la navigation serait assujettie à un long détour préjudiciable au commerce qui pourrait s'établir entre Limoges et l'embouchure de la Charente.

Canal de la Vienne à la rivière d'Isle.

Ce canal commencerait à l'embouchure de la Briance dans la Vienne, remonterait la vallée de cette rivière et celle du ruisseau de Saint-Priest-Ligoure. Le point de partage placé entre Janalhac et la Roche-l'Abeille exigerait un souterrain de 3,000 mètres, dirigé du nord-est au sud-ouest, et passant près du hameau de Galifort; on arriverait ainsi au vallon du ruisseau de la Meize, un des premiers rameaux de la rivière d'Isle, dont on suivrait le cours jusqu'à Périgueux, le reste du cours de cette rivière devant être rendu navigable par les travaux déjà en cours d'exécution. Pour alimenter le bief de partage on réunirait par des rigoles de 46 kilomètres de longueur ensemble les eaux d'environ sept lieues carrées de pays, en dérivant les ruisseaux de Janalhac, de Fraissinet, de la Roche-l'Abeille, de Royère, de la Meize et du vallon entre la Meize et Ladignac.

La première branche du canal sur le versant de la Vienne aurait 29 kilomètres avec une pente présumée de 76 mètres, et la seconde branche sur le versant de la Dordogne aurait 110 kilomètres sur 166 mètres de pente présumée.

Communication de la Haute-Vienne à la Dordogne.

La communication de la Haute-Vienne à la Dordogne pourrait se réaliser par une jonction de la Vienne à la Vézère par la Combade et la Soudenne, et de la Vézère à la Dordogne par les ruisseaux de Saint-Sornin et de Châfteaux et la petite rivière de la Tourmente, qui se jette dans la Dordogne, à une lieue au-dessous de Carennac.

1° Jonction de la Haute-Vienne à la Vézère.

Le canal commencerait à l'embouchure de la Combade, dans la Vienne, près de Saint-Denis-des-Murs, à deux lieues au-dessus de Saint-Léonard; il remonterait la vallée de cette petite rivière jusqu'à peu de distance de Saint-Gille, au sud-ouest de Domps. De là il franchirait par un souterrain de 1,500 mètres le faîte entre la Combade et la Soudenne, qu'il rejoindrait près de Chamberet, et descendrait ensuite le long de cette petite rivière jusqu'à son embouchure dans la Vézère, à une lieue au-dessous de Treignac; il suivrait ensuite la Vézère jusqu'à l'embouchure de la Corrèze, point à partir duquel elle doit être rendue navigable par des travaux qui s'exécutent maintenant, et qui ont pour objet d'établir une ligne de navigation depuis Brives jusqu'à l'embouchure de la Dordogne dans la Gironde.

Le bief de partage placé entre Domps et Chamberet serait alimenté par les eaux de la Soudenne, de la Combade, et des ruisseaux de Chamberet, de la Vallade et de Saint-Gille; le tout réunissant les eaux de sept lieues superficielles environ, et exigeant 32 kilomètres de longueur de rigoles. La longueur de la branche descendante à la Vienne serait de

24 kilomètres avec 66 mètres de pente présumée. Du côté opposé la longueur du canal serait de 74 kilomètres avec une pente qu'on évalue à 190 mètres.

2° Jonction de la Vézère à la Dordogne.

La communication de la Haute-Vienne à la Dordogne emprunterait une partie de la ligne de Brives à l'embouchure de la Dordogne, depuis l'embouchure de la Corrèze jusqu'à l'Arche, où elle prendrait le vallon du ruisseau de Saint-Sornin et de Chasteaux, que l'on remonterait jusqu'au-delà de Jugeals. Le point de partage placé au sud de Nazaret exigerait un souterrain de 1,800 mètres, par lequel on gagnerait la vallée de la Tourmente, à une demi-lieue au nord de Turenne, et l'on suivrait au-delà cette vallée jusqu'à son embouchure dans la Dordogne.

Pour alimenter le bief de partage on n'aurait que les eaux de Gernes, Noaillac, Jugeals et Nazaret, qui seraient insuffisantes, si l'on ne pouvait espérer de trouver le moyen d'y amener celles du ruisseau de Lanteuil, à l'aide d'une double galerie souterraine, l'une entre le vallon de ce ruisseau et celui du ruisseau de Prunie, et l'autre entre ce dernier et le vallon de Gernes. Ces galeries souterraines auraient ensemble 3,000 mètres de longueur, les rigoles ayant du reste ensemble 35 kilomètres de développement. On réunirait ainsi les eaux d'environ sept lieues carrées.

La branche du canal comprise entre la Vézère et le point de partage aurait 13 kilomètres de longueur, sur une pente qu'on évalue à 65 mètres, et la seconde branche descendante vers la Dordogne aurait 21 kilomètres et une pente présumée de 53 mètres.

Observations sur les communications de la Vienne à la rivière d'Isle et à la Dordogne.

La difficulté d'alimenter suffisamment les biefs de partage des communications navigables que nous venons d'indiquer entre la Vienne et la rivière d'Isle, et entre la Vienne et la Dordogne, et la rapidité des pentes à franchir par des écluses, pourront déterminer à les établir de préférence à l'aide de chemins en fer.

CANAUX DE LA CINQUIÈME RÉGION.

Canal latéral à l'Eure, et jonction avec la ligne de première classe n° 6.

Si l'on exécute le canal de première classe de Paris au Loir, faisant partie de la ligne de Paris à Bordeaux, n° 6, on devra établir une branche de canal descendant du point de partage en un point pris entre Chartres et Bonneval, et suivant la rivière d'Eure jusqu'à son embouchure dans la Seine : l'on pourra se servir de la rivière en l'améliorant jusqu'à l'embouchure de l'Iton sur 22 kilomètres; sur le reste de l'étendue, il sera convenable de former un canal latéral de 116 kilomètres de longueur, et dont la pente pourra être de 98 mètres.

Ligne de Paris en Normandie, et jusqu'à Cherbourg.

La ligne de Paris en Normandie serait d'un haut intérêt, mais elle présente des difficultés qui demandent encore des études; on propose de l'essayer :

1° En établissant une communication de la Seine à Mantes, avec l'Eure, à l'embouchure de l'Avre;

2° En ouvrant un canal le long de l'Avre, de l'Iton, et rejoignant l'Orne par un bief de partage qui serait en communication avec la Sarthe;

3° En passant de la vallée de l'Orne à celle de la Vire, par une des deux lignes que nous indiquerons;

4° Et enfin de la Douve, affluent de la Vire, au ruisseau de la forêt de Cherbourg, qui se jette dans le port de cette ville.

1° Jonction de la Seine à l'Eure, près de l'embouchure de l'Avre.

Pour établir une communication plus courte que par la Seine jusqu'à l'embouchure de l'Eure en remontant ensuite cette rivière, on partira de l'embouchure de la petite rivière de Vaucouleurs près de Mantes, et on remontera sa vallée jusqu'à Septeuille; on prendra ensuite le vallon du ruisseau de Sivry jusque près des Boissets d'où l'on passera par un souterrain de 3,000 mètres dans le petit vallon de Ville-l'Évêque; l'on entrera dans la vallée de la Vesgre, à deux lieues au-dessous de Houdan; on se dirigera de là sur Anet et sur Saussay, où l'on arrivera à la rivière d'Eure. Le bief de partage sera alimenté par une dérivation de la rivière de Vesgre, qui paraît, près de Saint-Lubin, plus que suffisante pour l'entretenir. La rigole aura 5 kilomètres de longueur. De Mantes au bief de partage, la longueur sera de 21 kilomètres avec une pente présumée de 48 mètres. Du bief de partage à l'Eure, la distance sera de 14 kilomètres, et la pente est présumée de 15 mètres.

2° Jonction de l'Eure à l'Orne par l'Avre, l'Iton et le Don.

Le canal qui devra réunir l'Eure à l'Orne commencera à l'embouchure de l'Avre, remontera cette rivière jusqu'à Verneuil, d'où par une jonction naturelle déjà existante et passant près de Gauville, on arrivera à la vallée de l'Iton au-dessous de Bourth. On remontera la vallée de cette rivière jusque près de son sommet près de Bons-Moulins. Si l'on jette les yeux sur la carte de cette partie de la France, on reconnaîtra que les rivières de l'Eure, de l'Iton, de la Rille, de la Toucques, de la Dive, de l'Orne, de la Sarthe, de l'Huisne, s'en échappent dans des directions divergentes, et qu'ainsi il est difficile d'y trouver un emplacement très favorable pour un point de partage. Cependant, en profitant des circonstances secondaires qu'offrent les formes du terrain, nous croyons possible de former un point de partage convenablement alimenté en suivant la direction que nous allons indiquer.

De Bons-Moulins, le canal franchira par une coupure le faîte entre l'Iton et la Sarthe, en se dirigeant sur Saint-Martin; mais au lieu de suivre la vallée de cette rivière, il se soutiendra de niveau, passera près de Falandres, remontera dans le vallon du ruisseau de Fay, arrivera par un souterrain ouvert près du hameau du Fresne, dans le vallon du ruisseau de Ferrières, passera à peu de distance au Nord de Tellières, entrera dans le vallon du ruisseau de Courtomer, d'où il franchira le faîte entre la Sarthe et l'Orne par une coupure entre Courtomer et Saint-Léonard. Parvenu au vallon du ruisseau de Saint-Léonard, et de là à la vallée de la petite rivière de Don, il la suivra jusqu'à son embouchure dans l'Orne, près de Médavy. Le canal devra ensuite être prolongé latéralement à l'Orne jusqu'à Caen.

Le bief de partage qui devra s'étendre depuis Bons-Moulins sur l'Iton jusqu'à Saint-Léonard, sur un ruisseau affluent de l'Orne par l'intermédiaire du Don, aura 20 kilomètres de longueur dont 1,800 mètres en souterrain, et recevra les eaux de Bons-Moulins, de Prépotin, de Saint-Martin, Maheru, Ferrières, Courtomer, Saint-Léonard, Brullemail, la Genevraye, Merleraut et Sainte-Colombe. On estime qu'on pourra ainsi recueillir les eaux de 10 lieues superficielles par des rigoles qui auraient ensemble 36 kilomètres.

La branche ascendante du canal qui commence à l'Eure jusqu'au point de partage, aura 100 kilomètres de longueur avec une pente présumée de 178 mètres, et la branche descendante prolongée jusqu'à Caen aura 134 kilomètres avec une pente qu'on évalue à 220 mètres. Chaque branche est supposée comprendre la moitié du bief de partage.

3° Jonction de l'Orne à la Vire.

La jonction de l'Orne à la Vire peut s'établir de deux manières : la première consisterait à partir de l'Orne au-dessous de Caen en amont de Blainville, le canal remonterait le vallon du ruisseau de Beuville jusque vers Mathieu, d'où, par un souterrain de 5,000 mètres, il gagnerait la vallée de la Mue au-dessous de Cairon ; il la suivrait jusqu'à son embouchure dans la Seule, remonterait cette seconde petite rivière jusqu'au Manoir, pour passer par un souterrain de 2,000 mètres sous le hameau de Caugy, et arriver à la vallée de la petite rivière d'Aure au nord de Bayeux entre Saint-Vigor et Saint-Sulpice, traverser cette rivière, se soutenir au sud de la fosse de Soucy, et gagner le vallon du ruisseau de Bequet ou d'Estrehan, ou rivière d'Aure inférieure, dont on suivra la gauche pour passer au sud d'Isigny et rejoindre la Vire au-dessus du passage du Petit-Vay. Par cette direction, le canal n'aurait de l'Orne à la Vire que 76 kilomètres, et malgré qu'il s'y trouve deux points de partage, l'un entre Mathieu et Cairon, l'autre entre le Manoir et Saint-Vigor, tous deux très faciles à alimenter, et n'exigeant pas ensemble plus de 10 kilomètres de longueur de rigoles, on estime qu'il n'y aurait que 50 mètres de pente en tout à racheter par des écluses. Mais il y aurait 7,000 mètres de longueur de souterrain; on ne passerait pas autant dans l'intérieur du pays, et le chemin de la Seine jusqu'à Cherbourg serait alongé de 17 kilomètres relativement à la ligne que nous allons indiquer.

On quitterait l'Orne à l'embouchure du Noireau au-dessus de Pont-d'Ouilly; on suivrait cette rivière jusqu'à Condé, et ensuite la petite rivière de Drouance, en passant par Pontécoulant, Saint-Vigor et Lacy; à l'ouest de ce dernier village un souterrain de 4,000 mètres dirigé sur le vallon de Mont-Chauvet conduira à la vallée de la petite rivière de Souleuvre, affluent de la Vire, le long de laquelle le canal se prolongera jusqu'au-dessus du pont du Petit-Vay. Le point de partage entre Lacy et Mont-Chauvet recueillerait les eaux de la Roque, de Monchamps, d'Arelais, de Bremoy, de Danvoux et de Lesnault, c'est-à-dire d'environ sept lieues et demie carrées de pays; la longueur des rigoles nécessaires serait de 46 kilomètres; la première branche du canal aurait 32 kilomètres avec une pente évaluée à 48 mètres : l'autre branche descendante jusqu'à l'embouchure de la Vire aurait 84 kilomètres de longueur, et l'on estime que la pente serait de 96 mètres : c'est dans l'hypothèse de cette seconde direction, comme la plus chère, que nous calculerons la dépense.

4° Jonction de la Vire et de la Douve avec le port de Cherbourg.

Le canal arrivé près du pont du Petit-Vay s'appuiera sur le coteau à la gauche, passera sous Beuzeville et au midi de Brevans, près du hameau du Rivage, pour venir se lier aux fortifications de la place de Carentan. De là, coupant les marais pour se diriger sur la vallée de la Douve, il la remontera dans toute son étendue jusqu'à Brix; au nord de ce village, un souterrain de 2,500 mètres établira une communication avec le vallon du ruisseau de la forêt de Cherbourg, à un niveau tel qu'on puisse introduire dans le bief de partage les eaux de Saint-Jouvin et des petites rivières de Claire et de Gloire : on réunira ainsi les produits d'eau de sept lieues carrées de pays; si c'était insuffisant, on pourrait y ajouter des eaux de la Divette dérivées par une rigole fort longue aux environs de Virande : l'ensemble des rigoles aurait alors 56 kilomètres. Depuis le pont du Petit-Vay jusqu'au point de partage on aurait 63 kilomètres de longueur de canal avec une pente évaluée à 65 mètres; la pente opposée sera égale, et la longueur de la branche descendante au port de Cherbourg sera de 13 kilomètres.

Canal de l'Eure à la Sarthe, par l'Huisne.

On peut réunir l'Eure à la Sarthe en ouvrant, à partir des environs de Tivas, un canal d'embranchement sur celui qui lierait le Loir à la Seine (ligne de premier ordre n° 6), ou le Loir à l'Eure. Il remonterait la vallée de l'Eure jusqu'à Guehouville auprès de Belhomer, à deux lieues et demie au-dessus de Pont-Gouin; là il prendrait le vallon du ruisseau de la Louppe, qu'il suivrait jusqu'à un étang à une demi-lieue au sud-ouest de Vaupillon. De là un souterrain de 2,000 mètres passant sous le hameau des Alleux introduirait le canal dans un vallon qui s'embranche sur la vallée du ruisseau du Mage près de Berthoncelles ; on suivrait au-delà ce dernier ruisseau jusqu'à son embouchure dans l'Huisne, et ensuite l'Huisne elle-même jusqu'à son embouchure dans la Sarthe, un peu au-dessous du Mans.

Le point de partage serait alimenté par les eaux du ruisseau du Mage, et par une dérivation de la petite rivière de Commeanche et de Longny prise au-dessus de Maisons. La rigole qui amènerait cette dérivation passerait au nord de Regmalard et remonterait le vallon à l'ouest de Dorceau, d'où, par une galerie souterraine de 2,500 mètres à l'est du hameau de la Guenetterie, elle parviendrait à la vallée du ruisseau du Mage ; elle aurait ainsi 52 kilomètres de longueur ; on pourrait encore la prolonger pour aller prendre des eaux de l'Huisne au-dessus de Saint-Maurice, et alors on recueillerait les eaux de plus de trente lieues carrées de pays bien boisé. Le canal ainsi alimenté offrirait l'avantage de fournir des eaux pour l'entretien du canal du Loir à la Seine et du Loir à l'Eure. La branche venant de près de Tivas sur l'Eure jusqu'au point de partage aurait 48 kilomètres sur une pente de 44 mètres. Du point de partage jusqu'à la Sarthe l'étendue serait de 90 kilomètres sur 149 mètres de pente.

Jonction de l'Orne à la Sarthe.

La jonction de l'Orne à la Sarthe peut avoir lieu au midi de Sées : à cet effet un canal s'embrancherait sur le canal ci-dessus décrit de la Seine à Cherbourg, à Médavy, au confluent du Don et de l'Orne, il remonterait cette dernière rivière jusqu'auprès de Sées; de là un souterrain de 4,500 mètres dirigé de manière à passer entre la Chapelle et Neauphe, déboucherait dans le vallon du ruisseau de Bursard à une demi-lieue au nord-ouest de ce village. L'on pourra recueillir au point de partage les eaux des ruisseaux de la Chapelle, de Neauphe, de Boitron, de Tourville, de la Ferrière et de Trémont, formant les produits de 8 lieues carrées; les rigoles auront ensemble 40 kilomètres de développement. Le canal descendra du bief de partage en suivant le vallon du ruisseau de Boitron ou d'Essey, et ensuite la vallée de la Sarthe.

Au-dessous du Mans on doit regarder la rivière comme navigable, des travaux actuellement entrepris ayant pour objet d'amener jusqu'à cette ville la navigation, qui n'a lieu encore que jusqu'à Arnage ; mais elle a besoin de grandes améliorations. La branche du canal venant de Médavi sur l'Orne jusqu'au bief de partage, aurait 4 kilomètres et 15 mètres de pente. Du bief de partage au Mans, la distance serait de 97 kilomètres, et la pente de 142 mètres. Au-dessous du Mans on peut compter sur 125 kilomètres qui ont besoin de perfectionnement.

Jonction de l'Eure à la Sarthe, par l'Iton.

La jonction de l'Eure à la Sarthe, dans l'intérêt du commerce de la basse Seine avec les départements que baignent la Sarthe et la Mayenne, peut se faire par un canal qui, à partir de l'embouchure de l'Iton dans l'Eure, suivrait la vallée de l'Iton, même dans la partie où cette rivière perd ses eaux, entre Gaudreville et Villalet, et emprunterait une portion du canal de l'Eure à l'Orne, décrit ci-dessus comme faisant partie de la ligne de la Seine à Cherbourg; du bief de partage de ce canal, près de Falandres, une branche descendrait par le vallon du ruisseau de Saint-Aubin à la vallée de la Sarthe qu'il suivrait jusqu'à la rencontre du dernier canal que nous venons de décrire, à l'embouchure de la vallée du ruisseau d'Essey, dans celle de la Sarthe. Les portions de canal à ouvrir pour compléter la jonction de l'Eure à la Sarthe comprennent depuis l'embouchure de l'Iton dans l'Eure jusqu'à Bourth 71 kilomètres d'étendue, avec une pente évaluée à 152 mètres, et du bief de partage jusqu'à la rencontre du canal de la Sarthe à l'Orne par Sées, 29 kilomètres avec une pente présumée de 60 mètres.

Communication de l'Orne à la Mayenne.

La communication de l'Orne à la Mayenne peut s'ouvrir en partant de l'embouchure de la petite rivière de Vère dans le Noireau, à une demi-lieue au-dessous de Condé-sur-Noireau, point qui appartient déjà à la jonction de l'Orne à la Vire ci-dessus décrite. On remonterait la vallée de la Vire jusqu'à Flers, où l'on prendrait le vallon du petit ruisseau de la Mazure, et du sommet on passerait par un souterrain de 2,000 mètres au vallon du ruisseau de l'Étang du Pont-Ramont, d'où l'on descendrait à la vallée de la Varenne, qui se jette dans la Mayenne au-dessous de Torchamp ; on suivrait ensuite la Mayenne jusqu'à Laval. Le point de partage recevrait les eaux de Saint-Gervais, la Ferrière, Saint-Clair, Landisacq, Chanu, la Chapelle Biche et de la Selle ; les rigoles auraient ensemble 43 kilomètres de développement, et recueilleraient les eaux de 7 lieues carrées et demie de terrain. La branche descendante vers le nord aurait une longueur de 20 kilomètres avec une pente évaluée à 90 mètres. La branche méridionale du point de partage jusqu'à Laval aurait 87 kilomètres et une pente qu'on estime à 112 mètres. Au-delà de Laval la navigation de la Mayenne aurait besoin d'amélioration sur toute son étendue, qui est de 95 kilomètres.

Communication de la Mayenne à la Sarthe.

La communication de la Mayenne à la Sarthe s'établirait en remontant la vallée de la Mayenne jusqu'au-delà de la Lacelle au-dessus de Prez-en-Pail; passant par le vallon au sud-est de ce village, on franchirait par un souterrain de 1,500 mètres le faîte entre la Mayenne et le Sarton, auquel on arriverait par le vallon de ce ruisseau à l'ouest de Saint-Denis : on suivrait ensuite le Sarton jusqu'à son embouchure dans la Sarthe, à moins que les formes locales pussent permettre de se porter à l'est et de gagner le vallon du ruisseau de Pacé, pour regagner plus au nord le canal latéral à la Sarthe. On pourra réunir au bief de partage les eaux de Saint-Samson, de Ciral, de Prez-en-Pail, de la Lacelle, et celles du Sarton prises au-dessus de la Roche ; ce qui offre les produits de huit lieues carrées de pays. Les rigoles auraient 45 kilomètres de développement. La branche de canal ouverte le long du cours supérieur de la Mayenne aurait 50 kilomètres de longueur, et l'on estime sa pente à 83 mètres. La branche qui suivrait le Sarton pour arriver à la Sarthe près de Saint-Cenery, aurait 14 kilomètres et une pente présumée de 32 mètres.

Navigation du Loir

Dans la ligne du premier ordre n° 6 on a compris le Loir ou un canal latéral à cette rivière depuis Bonneval jusqu'au-dessus du Lude, à l'embouchure de la Meaulne. Il sera important de perfectionner la partie inférieure de cette rivière sur 110 kilomètres de longueur.

Communication entre le Loir et la Mayenne.

On peut rattacher le Loir à la Mayenne par une communication secondaire du Loir près de La Flèche, à la Sarthe près de Malicorne, et de cette dernière rivière près de Sablé, à la Mayenne à l'embouchure de la petite rivière d'Ouette, à trois lieues au-dessous de Laval.

La jonction du Loir avec la Sarthe s'établirait par la vallée du ruisseau de Verron qui se jette dans le Loir au-dessous de La Flèche; le canal la remonterait jusqu'à son sommet, d'où l'on passerait par un souterrain de 2,000 mètres à l'ouest de Bousse dans le vallon du ruisseau du Loyer ou de Courcelles, qu'il suivra jusqu'à son embouchure dans la Sarthe près de Malicorne. On alimentera le bief de partage par les eaux de Courcelles et de Bousse, par celles de la Vezanne ou ruisseau de Mézeray dérivées près de ce village, auxquelles on ajoutera celles de la petite rivière du Fessard ou ruisseau d'Oizé, que l'on versera dans la Vezanne par une coupure à l'ouest du hameau de Grenouillet; on réunira ainsi les produits d'environ 7 lieues carrées et demie de pays, à l'aide de 21 kilomètres de rigoles. La longueur du canal lui-même serait de 15 kilomètres en deux branches égales, dont celle qui descendrait au Loir aurait une pente évaluée à 35 mètres et l'autre une pente évaluée à 23 mètres.

La jonction de la Sarthe à la Mayenne se dirigerait par la vallée de la rivière de Vaige, qui se jette dans la Sarthe près de Sablé; puis il prendrait le vallon du ruisseau d'Arquenay, qu'il remonterait jusqu'à son sommet. Le point de partage placé à l'ouest du hameau de Champ-Fleury rejoindrait la vallée de l'Ouette au-dessous de Parné, et le canal suivrait ensuite l'Ouette jusqu'à la Mayenne. Le point de partage, qui pourra exiger un souterrain de 1,500 mètres, sera alimenté par des eaux de l'Ouette prises près de la Cotellerie; à quoi l'on pourra ajouter, par une rigole traversant par une galerie souterraine de 1,000 mètres l'arête entre l'Ouette et la Jouanne, à l'ouest de Parné, une dérivation abondante de la Jouanne : l'ensemble des rigoles sera de 18 kilomètres. La branche de canal comprise entre la Sarthe et le point de partage serait de 28 kilomètres, et l'on évalue sa pente à 34 mètres : celle qui descendrait à la Mayenne aurait 8 kilomètres et une pente de 18 mètres.

Ligne de communication de la Vire à la Rance.

La communication de la Vire à la Rance et au canal d'Ille-et-Rance peut s'établir en joignant la Vire à la Sée et à la Celune, et se développant ensuite, suivant une ancienne pensée de Vauban, le long de la côte, pour venir passer en un souterrain sous Châteauneuf et se jeter dans la Rance.

1° De la Vire à la Sée.

Pour opérer la jonction de la Vire à la Sée, on ouvrirait un canal qui s'embrancherait sur celui de l'Orne à la Vire, à l'embouchure de la Souleuvre dans cette dernière rivière, la remonterait jusqu'à peu de distance de la ville de Vire, suivrait le ruisseau de Champ-du-Boult, d'où il passerait par une simple coupure à celui de Gathemo, le long duquel il descendrait à la rivière de Sée, qu'il rencontrerait au-dessous de Brouams. Il suivrait ensuite cette rivière jusqu'à Avranches. Le bief de partage entre Champ-du-Boult et Gathemo serait creusé sans souterrain, mais de manière à pouvoir y faire arriver les eaux de Gathemo, Sourdeval, Moutons, Saint-Sauveur, et celles du ruisseau à l'ouest de Saint-Germain. Les rigoles pourront avoir 53 kilomètres de développement, et réunir les eaux de sept lieues carrées. La branche du canal placée du côté de la Vire aurait 23 kilomètres, et pourrait s'élever d'une hauteur qu'on estime à 54 mètres. La branche dirigée sur Avranches aurait jusqu'à cette ville 45 kilomètres et une pente présumée de 134 mètres.

2° De la Sée à la Rance.

Le canal à partir d'Avranches se développerait le long de la côte, en s'appuyant au coteau, et même en l'entamant aux pointes les plus avancées; il passerait sur les territoires de Ceaux, Courtils, Huynes, Ardevon, Beauvoir, Saint-George, Saint-Marcan, au nord de Dol, entre Lillemer et Saint-Guinou, en se dirigeant sur Châteauneuf, où, au moyen d'un souterrain de 1,500 mètres, on arrivera à la Rance; les rivières et les ruisseaux qu'on rencontrerait seraient traversés par des écluses telles qu'on puisse à volonté recevoir les eaux dans le canal ou les rendre à leur ancien lit; en faisant le canal assez vaste et avec des digues assez élevées pour permettre des intumescences assez fortes, on pourrait recevoir habituellement toutes les eaux douces affluentes, et favoriser ainsi la formation d'immenses endiguages dans la baie du Mont-Saint-Michel. Ces deux opérations nous paraissent intimement liées l'une à l'autre. La longueur du canal serait de 54 kilomètres, et nous pensons qu'il conviendrait de lui donner une légère pente dans la direction de l'est à l'ouest.

Communication de la Vire à la Sienne.

Ce canal pourrait être utile aux villes de Coutances et de Saint-Lô, et à la circulation des engrais de mer; il partirait de la Vire, à trois quarts de lieue au-dessus de Saint-Lô, se dirigerait par le vallon du ruisseau de Canisy, d'où, par un souterrain de 2,500 mètres, il arriverait dans la vallée de la Soulle; le bief de partage recevrait les eaux de la Soulle, prises à Pont-Brocard; à quoi l'on pourrait joindre celles de Dangy et de Saint-Sauveur; quoiqu'on ne puisse réunir qu'à peine les eaux de six lieues carrées, on suppose que dans un pays humide et où les sources tarissent peu, on pourra alimenter convenablement un bief de partage; les rigoles auraient 15 kilomètres de longueur.

Le canal descendrait du bief de partage, en suivant la rivière de Soulle jusqu'au-delà de Coutances, à son embouchure dans la Sienne. La longueur de la première branche, de la Vire au point de partage, serait de 11 kilomètres, avec une pente estimée à 42 mètres; l'autre branche, descendant à la Sienne, aurait 19 kilomètres, et une pente évaluée à 60 mètres.

On pourrait aussi établir, entre l'embouchure de la Vire, diverses lignes, dirigées en des points de la côte occidentale du Cotentin; nous croyons peu essentiel de nous y arrêter.

Jonction de la Mayenne à la Celune.

On pourrait étudier une communication entre la Mayenne et le canal que nous venons d'indiquer un peu plus haut de la Vire à la Rance. Le tracé partirait de l'embouchure de la rivière d'Ernée dans la Mayenne, ou d'environ une lieue plus haut, en perçant par un souterrain de 500 mètres l'arête entre ces deux rivières au nord du hameau de la Hiaulle. On suivrait l'Ernée jusqu'au droit de Carelle, puis le vallon du petit ruisseau de la Douardière, d'où l'on passerait par un souterrain de 2,000 mètres dans le vallon du ruisseau de Saint-Berthevin ou de la Futaye, qui se jette dans la petite rivière de Deron, affluent de la Celune; on suivrait ensuite cette dernière jusqu'à la rencontre du canal de la Vire à la Rance; le point de partage serait alimenté par les eaux de Carelle, de Levaré, de Larchampt, de Montaudin, de Grigny et d'Hemenard; ce qui fait le produit d'environ six lieues carrées de pays, et exigera 48 kilomètres de longueur de rigoles. Entre la Mayenne et le point de partage, il y aura 41 kilomètres de longueur de canal, avec une pente qu'on estime de 92 mètres; et du point de partage jusqu'à l'embouchure de la Celune, il y aura 57 kilomètres de distance, et une pente évaluée à 145 mètres.

Jonction de la Mayenne à la Vilaine.

On a projeté autrefois une jonction de la Mayenne à la Vilaine : on pense qu'elle pourrait partir d'au-dessous de Laval, en se dirigeant par un petit ruisseau au sud-ouest de cette ville, et gagnant, par un souterrain de 1,500 mètres de longueur, la vallée de la rivière de Vicoin, au-dessous de Saint-Berthevin. On remonterait cette vallée jusqu'au-dessus de l'étang du Port-Brillet, d'où l'on passerait par une coupure à la vallée du ruisseau de Saint-Pierre-de-la-Cour et d'Erbrée, affluent de la Vilaine; parvenu à cette rivière, au-dessous de Vitré, on la suivrait jusqu'à Rennes, pour y rejoindre le canal d'Ille-et-Rance. Le bief de partage pourra recevoir les eaux de Bourgneuf, de Launay, de la Cornesse, de la Brulatte, de Saint-Pierre, et une dérivation de celles de la Vilaine, prises au-dessus de Bourgon, et amenées par une rigole qui passerait, par une galerie souterraine de 1,200 mètres, du petit vallon de la Chapelle-Erbrée à celui de l'étang de la Ravenière, et à la vallée du ruisseau de Saint-Pierre. Les rigoles auraient 22 kilomètres de longueur : la branche de canal, du côté de l'est, aurait 18 kilomètres sur 74 mètres de pente présumée ; la branche, du côté de l'ouest, aurait 60 kilomètres, avec une pente qu'on évalue à 94 mètres.

Jonction de la Mayenne au canal de Nantes à Brest, par l'Oudon et l'Erdre.

Cette jonction pourrait avoir lieu en prenant la vallée de l'Oudon, depuis son embouchure dans la Mayenne jusqu'à Segré, puis celle du ruisseau de l'Argos jusqu'au hameau de la Naudaye. De là, par un souterrain de 1,000 mètres, on passerait au petit vallon de la Bossinaye, qui, réuni à divers autres ruisseaux, se dirige sur Candé, et rejoint le vallon de l'Erdre ; on suivrait cette dernière rivière jusqu'à Nort, pour parvenir ensuite au bief de partage du canal de l'Erdre à l'Isaac, faisant partie de la ligne de Nantes à Brest, en suivant le tracé de la rigole qui doit conduire des eaux de l'Erdre à ce bief de partage. Le bief de partage du canal dont nous nous occupons en ce moment serait alimenté par les eaux des ruisseaux qui se réunissent à Candé, par celles des ruisseaux de la Potherie et de Verse ; nous ne pensons pas qu'il soit nécessaire d'aller chercher les eaux de la rivière de Verzée, qu'on pourrait encore y amener. Les rigoles auraient 27 kilomètres de longueur, et, indépendamment de la rivière de Verzée, recueilleraient les eaux de neuf lieues carrées de pays. La branche comprise entre la Mayenne et le point de partage aurait une longueur de 31 kilomètres, avec une pente présumée de 48 mètres, et celle qui descendrait de ce point de partage jusqu'au canal de Nantes à Brest, aurait 59 kilomètres, et on évalue sa pente à 44 mètres.

Canal d'Ille-et-Rance, ou jonction de la Vilaine à la Rance.

Le canal qui doit joindre Rennes et Saint-Malo, connu sous le nom de canal d'Ille-et-Rance, est en cours d'exécution.

Canal du Blavet ou de Pontivy à Hennebon.

La ligne de navigation qui rattache le port de Lorient au canal de Nantes à Brest, ligne de premier ordre, n° 8, est terminée ; mais elle ne sera de quelque utilité que lorsque cette grande ligne sera terminée, et surtout en cas d'une guerre maritime.

Communication du canal de Nantes à Brest avec Saint-Brieuc.

On pourrait établir une communication entre le canal de Nantes à Brest et Saint-Brieuc, en ouvrant un embranchement qui remonterait l'Oust, à partir de l'embouchure du ruisseau venant d'Hilvern, à une lieue au-dessus de Rohan, point où le canal de Nantes à Brest quitte l'Oust, jusqu'à l'embouchure du ruisseau d'Allineuc dans cette rivière. On remonterait le vallon de ce dernier ruisseau jusqu'à son sommet, d'où l'on passerait, par un souterrain de 2,000 mètres, dans le vallon du petit ruisseau de Gros-Fœil, à une lieue à l'est de Lanfains ; on suivra le cours du ruisseau de Lanfains jusqu'à la rencontre de la rivière de Gonet, à une demi-lieue au-dessous de Quintin, et le canal se prolongera le long de cette rivière jusqu'auprès de Saint-Brieuc.

Le point de partage sera alimenté par les eaux du Motay, du Bodeo, de la Harmoot, et des sources de l'Oust et par celles de Saint-Bihy, de Saint-Gildas et de Lanfains. Il faudrait 42 kilomètres de rigoles, et on réunirait les eaux de huit lieues carrées. La branche du canal, du côté de l'Oust, aurait 31 kilomètres de longueur, avec une pente qu'on estime à 88 mètres, et celle du côté de Saint-Brieuc aurait 36 kilomètres, avec une pente présumée de 157 mètres.

Jonction de l'Oust au Blavet.

On a songé à établir la jonction de l'Oust au Blavet par la Claye et l'Evel, et ce canal eût été mieux approprié aux formes du terrain que le tracé qu'on a préféré dans le projet du canal de Nantes à Brest, et qui passe par Hilvern ; mais on a préféré ce dernier, parcequ'il pénètre plus dans l'intérieur de la presqu'île de Bretagne, et dessert des lieux plus habités. Nous nous abstiendrons en conséquence de parler en détail de la ligne de jonction que nous venons d'indiquer.

CANAUX DE LA SIXIÈME RÉGION.

Canal de Nantes à Bordeaux et à Bayonne.

Cette ligne de navigation, qui serait utile pour suppléer au cabotage en cas de guerre maritime, pourrait s'établir par la Sèvre Nantaise, la rivière de la Boulogne, celles d'Yon, du Lay, de la Vendée, jusqu'à la Sèvre Niortaise près de Marans, le canal déjà entrepris de la Sèvre à La Rochelle; par une jonction du canal de La Rochelle à la Charente près de Rochefort, et puis une communication de la Charente à la Gironde; enfin par un canal déjà proposé, et qui parcourrait les Landes parallèlement au littoral, en commençant à la Gironde au port de Meyre, et se dirigeant de manière à joindre l'Adour près de Dax.

1° De la Loire à la Sèvre Niortaise.

La ligne dont il s'agit partirait de Nantes et suivrait la Sèvre Nantaise jusqu'au-dessus de Vertou; de là, se portant sur la gauche de cette rivière, elle remonterait par un petit vallon, à une demi-lieue au sud de Vertou, pour passer dans la partie septentrionale de la forêt de Touffou, et se diriger sur le ruisseau de Vieille-Vigne, au nord de Montbert; on traverserait la vallée de ce ruisseau, et on remonterait le petit vallon du Geneston, et, passant dans la partie méridionale des Landes de Bouaine, on irait rejoindre la rivière de la Boulogne vers l'embouchure du ruisseau de Saint-Philbert: l'on remontera ensuite la Boulogne et le ruisseau de Saligné jusqu'au-delà du hameau de la Barlière; de ce point le canal se dirigera par un souterrain de 3,500 mètres de longueur sur un petit vallon au nord-est de Dompierre, par lequel on arrivera à la petite rivière d'Yon. Le point de partage placé entre le ruisseau de Saligné et l'Yon sera alimenté par les eaux de la Boulogne prises au-dessous du village de ce nom, du ruisseau de Saligné, de l'Yon et du ruisseau de la Ferrière. Les rigoles auront 27 kilomètres de développement, et réuniront les eaux de huit lieues carrées de pays. Le canal suivra ensuite la rivière d'Yon jusqu'à son embouchure dans le Lay, qu'il traversera un peu au-dessus de cette embouchure pour passer près de la Bretonnière, et de là se diriger au sud de Luçon et gagner le canal connu sous le nom de *la Ceinture des Hollandais*, et enfin rejoindre la Vendée au-dessous de Veluire, et arriver à la Sèvre Niortaise près de Marans.

La branche septentrionale du canal de Nantes jusqu'au point de partage aurait 62 kilomètres de longueur avec une pente évaluée à 77 mètres, et l'autre branche du point de partage jusqu'à Marans aurait 81 kilomètres, et la pente est estimée à 80 mètres.

2° De la Sèvre Niortaise à la Charente.

De Marans on emprunterait sur une lieue de longueur le canal dirigé sur La Rochelle, appartenant à la ligne de premier ordre n° 7 de Paris à La Rochelle; puis l'on se dirigerait vers le sud-est en remontant la vallée du ruisseau de Nuaille et de Virson, et plus loin celle de Forges, d'où l'on passera par un souterrain de 3,000 mètres sur le vallon du ruisseau de Landray; on suivra plus loin ce ruisseau et celui de Surgères jusqu'à son embouchure dans la Charente au-dessus de Tonnay-Charente : le point de partage recevra les eaux des ruisseaux de Surgères, de Chambon, d'Aigrefeuille et de Saint-Christophe, et une dérivation de celles de Saint-George, amenées par une rigole qui passerait par une galerie souterraine de 1,800 mètres de longueur, à l'est de Virson près des Aixbouet, et aurait 44 kilomètres de développement; on pourrait obtenir ainsi les eaux de neuf lieues superficielles. La longueur du tracé depuis le canal de La Rochelle jusqu'au point de partage sera de 23 kilomètres avec une pente évaluée à 29 mètres, et du point de partage à la Charente, de 19 kilomètres avec une pente présumée de 31 mètres.

3° De la Charente à la Gironde.

La communication de la Charente à la Gironde s'embrancherait sur la Charente au-dessus de Saintes, à l'embouchure de la Seugne, suivrait cette rivière jusqu'à Mosnac, puis le ruisseau du Tarnac ou de Nieuilh jusqu'à son origine au nord de Soubran; de là, par un souterrain de 1,200 mètres, on passerait dans le vallon du ruisseau de Bois-Redon, qu'on suivrait jusque vers les Étauliers; de là on se dirigerait pour passer près de Langlade et de Saint-Andronic, en se soutenant le long de la côte jusqu'à Blaye. Le bief de partage serait alimenté par les eaux des ruisseaux d'Agudelle, de Saint-Simon, de Courpignac et de Roffignac; à quoi l'on pense qu'on pourra ajouter une partie de celles de Saint-Maurice, de Moulon et de Messac : il faudra deux galeries souterraines, l'une près de Courpignac, et l'autre à l'est de Tugeras; elles pourront avoir ensemble 2,500 mètres de longueur, et il faudrait 51 kilomètres de longueur de rigole qui recueilleraient les eaux de dix lieues superficielles de pays. La branche du canal dirigée au nord aurait 33 kilomètres de longueur avec une pente évaluée à 65 mètres, et la branche dirigée au sud aurait 50 kilomètres avec une pente de 73 mètres.

Un inspecteur-général des ponts et chaussées, M. Deschamps, a étudié dernièrement et proposé un projet de canal qui partirait de Bordeaux et viendrait se terminer à Dax, en se dirigeant d'abord au nord-ouest, et tournant le plateau supérieur de la presqu'île du Médoc, pour suivre ensuite une ligne à peu près parallèle à la côte en-deçà de la région des Dunes jusqu'à l'Adour, auquel il se rattacherait sous les fortifications de Dax. Le bief de partage, qui comprendrait presque toute l'étendue du canal, serait élevé d'environ 40 mètres au-dessus de la Garonne à Bordeaux, et de 36 mètres au-dessus de l'Adour à Dax. Il serait alimenté par les cours d'eau qui descendent du plateau des Landes, et particulièrement par la Leyre, que le canal aurait à franchir par un pont-aqueduc, et qu'on dériverait par une rigole de 35 kilomètres environ. 4° De la Gironde à l'Adour.

Le développement de ce canal ainsi conçu serait de 285 kilomètres, eu égard aux détours auxquels il serait assujetti.

Nous proposerions d'y ajouter une branche qui, partant du point le plus septentrional de son développement, se dirigerait sur Castelnau, et suivrait le cours d'eau qui passe près de cette petite ville, pour arriver à la Gironde au port de Meyre. Cette branche aurait 20 kilomètres de longueur et 40 mètres de pente.

Ligne de communication de Saumur à Marans, ou du Thouet au grand Lay.

L'on pourrait de l'embouchure du Thouet établir une communication avec la ligne que nous venons de décrire, en établissant une jonction du Thouet avec la Sèvre Nantaise, et de la Sèvre Nantaise à la rivière du Lay, qui est coupée par la ligne de Nantes à Bordeaux.

L'on remonterait dans la vallée du Thouet jusqu'à l'embouchure de la rivière d'Argenton; on suivrait cette dernière jusqu'auprès de Saint-Clémentin, où l'on prendrait le vallon du ruisseau de Nueil, que l'on suivrait jusqu'à son sommet dans le bois de Boissière; de là on passera par un souterrain de 2,500 mètres dans le vallon du ruisseau qui se réunit à celui de Châtillon vis-à-vis des Moulins; on suivra ensuite ce dernier en descendant jusqu'à son embouchure dans la Sèvre Nantaise, à une demi-lieue au-dessous de Saint-Laurent. La branche de canal re- 1° Jonction du Thouet à la Sèvre.

montant de la Loire jusqu'au point de partage aurait 77 kilomètres de longueur, y compris la partie déjà navigable du Thouet, mais qui ne l'est que très imparfaitement; on estime sa pente à 84 mètres. La branche qui descendrait à la Sèvre aurait 16 kilomètres et une pente présumée de 40 mètres.

Le point de partage pourrait recevoir des dérivations du ruisseau de Châtillon, du Pin et du Rorthais; les rigoles auraient 45 kilomètres et recueilleraient les eaux de neuf lieues carrées de pays.

2° Jonction de la Sèvre au grand Lay.

Le canal remonterait la vallée de la Sèvre, depuis St.-Laurent, jusqu'à une demi-lieue au-dessus de Mallièvre, où il prendrait le vallon du ruisseau des Épesses, d'où il passerait par un souterrain de 1,600 mètres dans un petit vallon au nord de Saint-Mars; il suivrait le cours de ce ruisseau qui se jette dans le Petit-Lay, passerait à Mouchamp, rejoindrait le Grand-Lay au-dessus de Saint-Vincent, et continuerait de suivre cette rivière jusqu'à la rencontre du canal de Nantes à Bordeaux. Le point de partage serait alimenté par une dérivation de la Sèvre Nantaise prise vers Saint-Amand, et qu'amènerait une rigole de 15 kilomètres de longueur. La branche comprise entre l'embouchure du ruisseau de Châtillon, dans la Sèvre, et le point de partage, serait de 13 kilomètres avec une pente évaluée à 28 mètres : la branche descendante vers le Lay aurait 74 kilomètres, et une pente qu'on estime à 92 mètres.

Canal du Layon et jonction de ce canal avec le Thouet.

On avait commencé il y a plus de quarante ans un canal le long du Layon, petite rivière qui se jette dans la Loire à Châlonne, pour favoriser l'exploitation des mines de houille situées le long de cette rivière. Les troubles civils ont arrêté cette entreprise et causé la destruction à peu près complète de ce qui avait été fait. Sans doute on reprendra ce projet, et nous pensons qu'il sera possible de lui donner plus d'extension en reliant la navigation du Layon avec celle du Thouet et de la ligne de Saumur à Marans.

A cet effet, le canal latéral au Layon serait prolongé au-dessus de Saint-Georges-Châtelaison jusqu'aux Verchès. Un bief de partage serait ouvert dans la plaine au-dessus des Verchès, se dirigeant de manière à passer au nord du Puy-Notre-Dame pour venir rejoindre le petit ruisseau de Saint-Hilaire, au nord de Veaudelenay, et arriver à la vallée du Thouet à Montreuil. Ce bief serait alimenté par une dérivation du Layon, et du ruisseau de Passavant pris près de ce village. Nous ne pensons pas qu'il soit nécessaire d'y joindre une dérivation de la rivière d'Argenton, qu'il serait également possible d'y amener. La rigole aurait 18 kilomètres de développement, et recueillerait les eaux de sept lieues carrées de pays. La longueur du canal du Layon serait depuis la Loire à Châlonne, jusqu'au point de partage, de 59 kilomètres, et du point de partage au canal du Thouet, de 8 kilomètres; on estime que la première branche aurait 48 mètres de pente et la seconde 14 mètres.

Diverses autres navigations pourraient être ouvertes, mais elles ne paraissent pas assez importantes pour entrer dans le système général.

On pourrait ouvrir dans la sixième région plusieurs autres navigations, mais qui ne nous paraissent pas de nature à entrer dans le système général que nous exposons ici.

Un canal le long de la Sèvre Nantaise serait dispendieux, à raison des difficutés qu'offrent les localités, sans être d'un intérêt en rapport avec les frais qu'il exigerait.

On a proposé et même on est sur le point d'exécuter un canal de la Dive, depuis le Thouet jusqu'à Moncontour; on a proposé également de perfectionner la navigation entre le lac de Grand-Lieu et la Loire, et de faire communiquer ce lac avec la baie de Bourgneuf par une coupure entre Saint-Même et Mâchecoul.

On a projeté aussi une communication de la Seudre et des marais salants de Brouage à la Gironde; un prolongement de la navigation de la Boutonne, qui s'arrête aujourd'hui à Saint-Jean-d'Angély.

Mais tous ces projets, qui ne présentent aucune difficulté sous le rapport du tracé, ne sont pas réellement d'un intérêt assez étendu pour trouver place ici.

CANAUX DE LA SEPTIÈME RÉGION.

La septième région, comprise entre la Saône et le Rhône à l'est; le canal du Midi et la Garonne au sud; la Dordogne, et la ligne de premier ordre n° 11, passant de la Dordogne à la Sioule, et de là, au canal de Charolais, au nord-ouest et au nord; comprend les montagnes de l'Auvergne du Vivarais et des Cévennes, et leurs nombreux rameaux. Les difficultés de tout genre qu'offre le pays, et surtout la raideur des pentes qui multiplierait les écluses, au point de ralentir assez la navigation pour rendre ce mode de transport peu avantageux, s'opposent à ce qu'on y établisse relativement autant de canaux que dans les régions dont nous nous sommes occupés jusqu'à présent. On devra y suppléer par d'autres voies, et particulièrement par des chemins en fer. Quoique ce soit sortir du cadre que nous nous sommes tracé, nous indiquerons quelques unes des lignes où nous pensons qu'il conviendra de faire usage de ce nouveau moyen de transport.

Nous traiterons d'abord des canaux que nous croyons possible d'exécuter dans la partie septentrionale de la septième région, et ensuite de ceux qu'on pourrait entreprendre dans la partie située au sud-ouest.

Canal de la Saône à la Loire, par l'Azergue et le Rahins.

On peut établir une communication de Lyon à Roanne, en remontant la Saône jusqu'au-dessus de Neuville; ouvrant ensuite un canal qui passerait au sud de Quincieux et près des Cheres ou Echelles, se rapprocherait de l'Azergue, vers Chazay, remonterait la vallée de cette petite rivière, puis le vallon du ruisseau de Saint-Just, d'où il passerait, par un souterrain de 4,800 mètres, au vallon du ruisseau d'Orval; de là, il descendrait à la vallée du Rahins, qui se jette dans la Loire, près de Roanne. Le point de partage serait alimenté par des dérivations de l'Azergue, prise à la Mure, et du Rahins, pris à une demi-lieue sous Saint-Vincent. Les rigoles auraient 40 kilomètres de longueur, et recueilleraient les eaux de dix lieues superficielles de pays. La longueur du canal, depuis la Saône jusqu'au point de partage, serait de 42 kilomètres, avec une pente évaluée à 170 mètres, et depuis le point de partage jusqu'à la Loire, de 35 kilomètres, avec une pente présumée de 75 mètres.

Vallée supérieure de la Loire, et jonction avec le Rhône.

La navigation de la Loire pour les seuls bateaux descendants commence à la Noirie, à 3 lieues au-dessus de Saint-Rambert et de l'embouchure du

Furand ; mais elle est tellement imparfaite, tellement dangereuse, qu'on ne peut y avoir égard. On a songé souvent à l'améliorer, et même à avoir, par le Furand et le Gier, une communication entre la Haute-Loire et Saint-Etienne ; mais depuis quelque temps on s'occupe de substituer à ce projet, que les localités rendent très difficile, une ligne de chemins de fer. La partie de Saint-Etienne à la Loire est terminée en ce moment ; on travaille avec activité à celle qui doit aller de Saint-Etienne à l'embouchure du Gier, dans le Rhône, et se prolonger jusqu'à Lyon ; et le gouvernement provoque l'établissement d'une dernière partie de la même ligne pour remonter la vallée de la Loire, depuis Roanne jusqu'à l'embouchure de la rivière de Furand.

Canal latéral à l'Allier.

La navigation de l'Allier est semblable à celle de la Haute-Loire. Nous pensons qu'il conviendrait également de lui substituer un canal latéral jusqu'aux Martres-de-Vayre, principalement pour faciliter l'exploitation des houillères du pays ; il ne serait pas impossible de le faire remonter jusqu'à Brioude. Mais les produits de cette partie supérieure de la vallée de l'Allier et des environs exigent un moyen puissant de débouché ; nous croyons qu'il conviendra d'employer au-dessus du point que nous venons d'indiquer un chemin de fer plutôt qu'un canal.

Depuis l'embouchure de l'Allier dans la Loire, où l'on se rattachera à la navigation latérale, actuellement en cours d'exécution jusqu'aux Martres-de-Vayre, la distance est de 170 kilomètres, la pente est évaluée à 215 mètres.

Sur ce canal on pourrait ouvrir des embranchements dirigés sur Thiers et Clermont, et entretenus par de petites rivières qui passent par ces villes. Nous ne nous arrêterons pas à ces détails qui intéressent spécialement les localités.

Jonction de l'Allier à la Loire, par la Dore et le Lignon.

Si l'industrie des vallées de la Dore, de la Dorette et du Lignon affluent de la Loire, prenait de grands accroissements, il pourrait être utile d'y créer une ligne communiquant avec la Loire et l'Allier; mais les difficultés que présentent les vallons à suivre et leurs pentes rapides, nous donnent lieu de croire que ce serait un chemin de fer qu'il serait convenable d'employer. Il suivrait la vallée de la Dore, à partir de Charnat sur l'Allier, et celle de la Dorette ou rivière de Thiers, qu'il remonterait jusqu'à son sommet, d'où il passerait, par un souterrain de 1,600 mètres, au sommet du vallon du ruisseau des Salles, au nord de Cervières. Il suivra ce ruisseau qui se jette dans le Lignon, et ensuite cette dernière rivière jusqu'à la Loire : la longueur de ce chemin serait de 75 kilomètres.

Nous n'indiquerons pas d'autres lignes de ce genre, qui pourraient établir des communications de la Loire et de l'Allier au Lot et à la Dordogne, parceque nous ne pensons pas que d'ici à long-temps les besoins du commerce les rendent nécessaires.

Ligne de communication entre la Dordogne et le canal du Midi.

Une communication directe de la Dordogne au canal du Midi ouverte à travers un pays extrêmement abondant en richesses minérales offrirait une assez haute importance pour qu'on recherchât les moyens de l'établir. Nous pensons qu'on pourrait l'essayer, en formant une jonction de la Dordogne à la Celle et au Lot par l'Alzou, du Lot à l'Aveyron, de l'Aveyron au Tarn près d'Alby, et du Tarn au canal du Midi par l'Agout et le Sor.

1° De la Dordogne au Lot.

Le canal de la Dordogne au Lot partirait de cette première rivière à l'embouchure de la Louysse ou de l'Alzou, remonterait l'Alzou en passant près de Rocamadour, Gramat, puis se dirigerait du côté des hameaux de Boyé et de Cancel, pour se porter entre Saint-Chignes et l'Hôpital Beaulieu, de là sur les hameaux de Vialoze, Masviel, Rouquoux, gagner le vallon sans issue de Theminettes; il passerait plus loin, du hameau de la Pouzade à celui de Dardenne, pour arriver au vallon du ruisseau de Bouisson et du Fourmagnac; on le soutiendrait sur le coteau à gauche afin de gagner par une coupure le vallon du ruisseau de Planiolles qui se jette dans la Celle près de Figeac; on traverserait cette rivière par un pont-aqueduc; on la remonterait ensuite sur deux kilomètres pour franchir l'arête qui sépare la Celle du Lot entre les hameaux de la Vaissière et du Ver ; on arriverait ainsi au Lot près de Capdenac.

Ce tracé, fort tourmenté parceque les formes du pays ne me paraissent pas permettre de le faire plus simple, pourra comporter quatre souterrains, l'un entre Vialoze et le Masviel de 1,800 mètres, le second au sud de la Pouzade, de 1,200 mètres ; le troisième au nord-ouest de Planiolles, de 1,200 mètres; et enfin le quatrième, entre Figeac et Capdenac, de 2,000 mètres de longueur. Le troisième souterrain, qui n'a pour objet que d'éviter un détour qui alongerait le canal de 5 kilomètres, pourrait être évité. Les deux premiers appartiennent au bief de partage qui recevra les produits des ruisseaux de l'Alzou, d'Aynac, d'Anglard, de la Capelle et de Sainte-Colombe, et réunira ainsi les eaux de 10 lieues carrées de terrain. Les rigoles nécessaires pour les amener auraient 25 kilomètres de développement : la longueur du canal serait de 34 kilomètres pour la branche versant à la Dordogne, et y compris la moitié de la longueur de 22 kilomètres qu'aurait le bief de partage ; la pente est évaluée à 75 mètres ; la branche opposée jusqu'au Lot aurait 29 kilomètres et une pente présumée de 33 mètres.

2° Du Lot à l'Aveyron.

Le canal quitterait le Lot à une demi-lieue au sud de Capdenac, devant Vic et Saint-Julien, en remontant la vallée du ruisseau ou rivière de Diège jusqu'au-dessus de Bez, où il prendrait le vallon du ruisseau de Sales, et enfin celui du petit ruisseau de Campgely. De là par un souterrain de 2,000 mètres de longueur, il gagnerait la vallée du ruisseau de Saint-Igest ou de Dangouze, qu'il suivrait jusqu'à son embouchure dans l'Aveyron près de Villefranche. Le point de partage serait entretenu par des dérivations des ruisseaux de Lugan, de Pachins, de Lalo et d'Anglard. Les rigoles auraient 32 kilomètres de longueur, et réuniraient les eaux de dix lieues carrées de pays. La branche comprise entre le Lot et le point de partage aurait 17 kilomètres de longueur, et une pente qu'on évalue à 60 mètres, et celle qui descend du point de partage à l'Aveyron aurait 13 kilomètres et 46 mètres de pente présumée.

La rivière de l'Aveyron n'est pas navigable, et ne paraît pas susceptible de le devenir en beaucoup d'endroits dans son propre lit. On essaiera d'établir un canal latéral au moins en grande partie depuis Villefranche jusqu'à son embouchure dans le Tarn sur 120 kilomètres de longueur; la pente est évaluée à 159 mètres.

3° Jonction de l'Aveyron au Tarn, par le Cérou.

La ligne de navigation dirigée de la Dordogne sur le canal du Midi, se détacherait de la vallée de l'Aveyron à l'embouchure du Cérou, suivrait cette dernière rivière jusqu'à Carmeaux : elle prendrait le vallon du ruisseau de Pousounac, et passerait par un souterrain de 2,000 mètres dans celui du ruisseau de Saint-Martiane qui se jette dans le Tarn à une lieue au-dessus d'Alby; nous croyons qu'il serait préférable de faire descendre le canal jusqu'à Alby, point auquel le Tarn doit être rendu navigable par des travaux qui s'exécutent en ce moment. Le bief de partage serait alimenté par les eaux du ruisseau de Magrin et par celles du Cérou prises au-dessous de Ligots; les rigoles auront 34 kilomètres de développement et réuniront les produits de neuf lieues carrées. La longueur du canal depuis l'embouchure du Céron jusqu'au point de partage serait de 40 kilomètres avec une pente présumée de 86 mètres; et du point de partage jusqu'au Tarn, à Alby, de 11 kilomètres, avec une pente qu'on estime être de 36 mètres.

4° Du Tarn au canal du Midi.

On suivrait le Tarn jusqu'à l'embouchure de l'Agout près de Saint-Sulpice, puis l'on remonterait la vallée de cette dernière rivière par un canal latéral, qui suivrait ensuite la vallée du Sor, lequel se jette dans l'Agout au-dessus de Vielmeur, pour venir rejoindre la rigole dite de la Plaine qui alimente le canal du Midi, à la demi-écluse des Toumas; l'on emprunterait ensuite le lit de cette rigole, qui a été autrefois navigable, pour arriver au bief de partage du canal du Midi. Comme on ferait usage d'une partie des eaux de ce canal, il serait indispensable de lui créer de nouvelles ressources. On peut employer à cet effet une rigole qui irait chercher les eaux de la Lers et de la Guanguise prises sous Payra et sous Cumies; on se contentera de prolonger la rigole de la Plaine sur le versant septentrional de la Montagne noire pour recueillir les eaux d'Escoussens, Massaguel, Dourgne, Saint-Chamaux et Cahuzac; à l'aide de 33 kilomètres de longueur de rigoles on réunirait ainsi les eaux de près de six lieues carrées, suffisantes pour entretenir la branche de canal descendant vers l'Agout : cette branche aurait 92 kilomètres de longueur et une pente de 84 mètres. La descente par la rigole de la Plaine jusqu'au bief de partage du canal du Midi aurait 27 mètres de pente sur 31 kilomètres de longueur.

Améliorations que réclament les navigations du Lot et du Tarn.

La navigation du Lot a lieu jusqu'à Entraygues; mais elle est très imparfaite, surtout dans sa partie supérieure, où la remonte ne peut avoir lieu. Nous pensons qu'il conviendrait surtout de l'améliorer et de la rendre praticable dans les deux sens jusqu'à Capdenac, pour la rattacher à la ligne de navigation dont nous venons de traiter, c'est-à-dire sur une longueur de 234 kilomètres.

Nous avons dit qu'on s'occupe de prolonger la navigation du Tarn jusqu'à Alby; mais au-dessous de Gaillac, où s'arrête jusqu'à ce moment la navigation, cette rivière réclame d'importantes améliorations sur 110 kilomètres de longueur.

Autres communications qu'on pourrait désirer de former dans la partie méridionale de la septième région.

La partie orientale des départements de l'Aveyron et du Tarn trouverait sans doute de grands avantages dans une communication directe et facile avec la Méditerranée; mais la rapidité des vallons, les difficultés qu'ils présentent, et la hauteur des faîtes à franchir, nous paraît rendre l'emploi des canaux trop dispendieux, et leur service trop lent pour le commerce. On pourra, si le besoin s'en fait vivement sentir plus tard, leur substituer des chemins de fer.

On pourrait ainsi établir une communication de l'Aveyron à l'Orb, en passant d'abord de l'Aveyron au Tarn par le Viaur, puis du Tarn à l'Orb par le Dourdou.

Le chemin de fer s'embrancherait sur le canal latéral à l'Aveyron à l'embouchure du Viaur, suivrait cette rivière, puis le Gifou jusqu'auprès de Requista; un souterrain de 1,800 mètres à l'est de ce bourg le fera parvenir dans le vallon du ruisseau qui se jette dans le Tarn à Linçou. Ce chemin ainsi tracé aurait 81 kilomètres de longueur.

Une autre branche du chemin de fer partirait d'au dessus d'Alby pris de Lescure, où elle se rattacherait au canal de jonction de l'Aveyron au Tarn par le Cérou; elle suivrait le Tarn en remontant jusqu'à l'embouchure du Dourdou, suivrait la vallée de cette dernière rivière, ensuite celle de la Nuejouls, en passant près de Varres, de Pont-de-Camares, la Roque; passerait à l'ouest de Senomes, prendrait le vallon du ruisseau de Tauriac, passerait par un souterrain de 1,500 mètres sous le faîte entre ce ruisseau et celui des hameaux de la Lavaigne et de Corbière, qui se jette dans l'Orb près d'Avêne. Le chemin de fer suivrait la vallée de l'Orb jusqu'à Béziers à la rencontre du canal du Midi. La longueur totale de ce chemin de fer, depuis les environs de Béziers jusqu'à Alby, serait de 217 kilomètres.

Nous ne nous arrêterons pas à indiquer d'autres chemins de fer qui seraient encore extrêmement utiles, tels que celui des mines de charbon de terre au nord d'Alais jusqu'à la mer, et d'autres qu'on pourrait pousser jusque dans les vallées des Cévennes.

Nous ne ferons qu'indiquer non plus, sans les comprendre dans notre travail, des canaux particuliers, ceux nécessaires pour relier les villes de Montpellier et de Nîmes avec les canaux du littoral.

CANAUX DE LA HUITIÈME RÉGION.

Nous nous bornerons à proposer dans la huitième région un très petit nombre de canaux, les difficultés que présentent les formes du pays étant aussi fortes que dans la plus grande partie de la septième région.

Prolongement du canal de Narbonne jusqu'à Perpignan.

On a depuis long-temps projeté d'étendre la navigation du canal de Narbonne et de la Robine, branche du canal du Midi, et de la prolonger parallèlement à la côte de Narbonne à Perpignan; la nouvelle navigation partirait de l'extrémité de la Robine de Narbonne, traverserait l'étang de Sigean, suivrait les traces d'anciens travaux déjà entrepris pour le même objet à travers l'étang de la Palme, et gagnerait l'étang de Leucate; de là partirait une ligne de canal dirigée sur Perpignan, alimentée par une dérivation de la Tet, et tenue assez élevée pour franchir par des ponts-aqueducs les cours d'eau qu'elle rencontrerait: la longueur de cette ligne serait de 42 kilomètres; on pense qu'il pourrait y avoir 15 mètres de pente.

Canal de l'Adour et de la Haute-Garonne.

On a eu la pensée de former une ligne de navigation le long de l'Adour, de la prolonger jusqu'à Tarbes, et de la lier avec la Neste en traversant la vallée de l'Arros, affluent de l'Adour, pour se joindre à un canal latéral à la Garonne descendant jusqu'à Toulouse; et l'on n'avait eu en vue que l'accroissement de richesses et d'activité dans toute la vallée de l'Adour, et l'ouverture de débouchés pour les bois, les marbres et les autres produits des Pyrénées.

D'autres personnes ont plus récemment proposé, sous le nom de *canal royal des Pyrénées*, le tracé d'un canal qui se rapproche beaucoup de celui dont on vient de parler, excepté qu'au lieu de suivre l'Adour jusqu'à Tarbes, il prend la vallée de l'Arros à son embouchure dans celle de l'Adour, ce qui épargne les difficultés du passage de l'Adour à l'Arros à l'est de Tarbes, mais offre beaucoup moins d'avantage pour le pays, la vallée de l'Arros étant beaucoup moins riche que celle de l'Adour. Il est vrai que le canal royal des Pyrénées est présenté comme devant devenir la principale voie de communication entre les deux mers, et on projette en conséquence de lui donner de plus grandes dimensions qu'au canal du Midi. Mais on remarquera que la multiplicité des écluses que comporte ce canal, et les retards qui en résulteront, ne permettront jamais au commerce général de prendre cette ligne pour communiquer d'une mer à l'autre, préférablement à celle qu'offrirait le canal dit *des Petites-Landes*, par la Baïse, la Gelize, la Midouze et l'Adour, entre Toulouse et Bayonne, et surtout à celle qui se présente tout naturellement en suivant la Garonne entre Toulouse et Bordeaux.

C'est donc principalement dans l'intérêt du pays que parcourrait la ligne dont il s'agit ici, que son tracé doit être conçu; et d'après cette considération nous pensons qu'il convient de la ranger dans la classe des lignes secondaires, et de la faire passer par la vallée de l'Adour et par Tarbes, malgré l'inconvénient d'offrir quelques écluses de plus, et des difficultés à vaincre pour revenir de l'Adour à l'Arros au pied des Pyrénées.

Le canal suivrait donc la vallée de l'Adour, en s'embranchant sur la ligne de première classe, n° 9, et sur le canal de jonction de l'Adour à la Garonne par la Baïse et la Midouze, à l'embouchure de cette dernière rivière; il remonterait la vallée de l'Adour jusqu'à Tarbes; de là il se dirigerait de manière à passer un peu au nord de Barbazan-de-Bat; et, remontant un très petit vallon à l'est de Barbazan, il passerait par un premier souterrain, ouvert de l'est à l'ouest, dans un vallon entre Barbazan et Angos, et par un second souterrain dans la même direction que le premier, il gagnerait le vallon du ruisseau d'Angos ou de Lassarène, qui tombe vis-à-vis Lhez dans la petite rivière du Larret-derrière ; un troisième souterrain passant sous Lhez conduirait au vallon du ruisseau de Bordes, qui se jette dans l'Arros près de Bordes. Il se trouverait un point de partage entre Barbazan et Angos, qui serait abondamment alimenté par une dérivation déjà existante de l'Adour, laquelle passe à Barbazan. Il y aurait trois souterrains chacun de 600 mètres de longueur : la longueur du canal, depuis son origine à l'embouchure de la Midouze jusqu'au point de partage, serait de 131 kilomètres, et sa pente est évaluée à 437 mètres; du point de partage à l'Arros, la distance serait de 8 kilomètres, avec une pente présumée de 15 mètres.

Le canal arrivé à l'Arros, à trois quarts de lieue au-dessous de Tournay, remonterait la vallée de l'Arros jusqu'au-dessus de Sarlabous, prendrait le vallon du ruisseau de l'Avezaguet, d'où il passerait par un souterrain de 4,000 mètres dans la vallée de la Neste; il suivrait ensuite la Neste, qui se jette dans la Garonne à Montrejeau, et se continuerait le long de la Garonne jusqu'à Toulouse. Le point de partage serait alimenté par une dérivation de la Neste, qui au-dessus d'Izaux réunit déjà les eaux de plus de 30 lieues carrées de pays. La branche venant de l'Arros aurait jusqu'au point de partage 23 kilomètres de longueur et une pente évaluée à 84 mètres, et celle qui irait du point de partage à Toulouse aurait 134 kilomètres de longueur et 417 mètres de pente.

CANAUX DE LA NEUVIÈME RÉGION.

La neuvième région comprend à l'est et au sud tout ce qui se trouve à gauche du canal Monsieur, allant de la Saône au Rhin, et du cours de la Saône et du Rhône.

Les plaines placées à l'est de la Saône et de la partie inférieure du Doubs peuvent admettre quelques canaux qui ne seraient pas sans utilité pour l'industrie du pays; mais ce qui est à l'est du Rhône en admettrait plus difficilement : nous indiquerons cependant ce que nous jugeons encore possible, mais plutôt pour devenir le tracé d'un chemin de fer que d'un canal.

Communication du canal de Monsieur avec la vallée de la Loue et Salins.

On peut faciliter les relations de Salins avec le canal Monsieur, ou ligne de premier ordre, n° 10, en établissant un chemin de fer de Salins à la Loue, à deux lieues au-dessous de Quingey, sur une longueur de 9 kilomètres, et en suivant le ruisseau qui passe à Salins : les eaux dont on pourrait user n'étant pas assez abondantes pour entretenir un canal, ce chemin se relierait à la ligne de navigation dont nous allons parler.

On ferait communiquer la vallée du Doubs à celle de la Loue par un canal qui remonterait sur une faible étendue le vallon du ruisseau de Vorges, au-dessus de Toraise, et qui de là passerait, par un souterrain de 1,800 mètres, à la vallée de la Loue. Le point de partage serait entretenu par une dérivation de cette rivière. On suivrait ensuite la Loue jusqu'auprès d'Augerans, puis l'on s'en écarterait en se dirigeant au nord-est pour aller se rattacher au Doubs, entre Dôle et Choisey, au-dessus de l'origine de la partie du canal Monsieur, qui est ouverte de Dôle à Saint-Jean-de-Losne ; la longueur du canal, entre le Doubs, près de Vorges, et le point de partage, serait de 3 kilomètres, avec une pente de 12 mètres; et du même point de partage jusqu'au-dessous de Dôle, la distance serait de 54 kilomètres, avec 62 mètres de pente présumée.

Ligne du canal Monsieur au Rhône, par la Brène, la Seille, le Solman et la Reyssouze.

Nous pensons qu'il pourra devenir utile d'ouvrir dans les plaines, au pied du Jura, un canal propre à recevoir les produits de tout genre du pays qu'il traverserait, et qui formerait avec une partie du canal précédent une ligne continue de Besançon jusqu'au Rhône, au-dessus de Lyon. Cette ligne commencerait à la Loue, à trois lieues au-dessus de son embouchure dans le Doubs, et se composerait d'une jonction du Doubs à la Seille par la Brène, et de la Seille au Rhône par le Solman, le Sevron, la Reyssouze et la plaine au-dessous de l'embouchure de l'Ain.

1° Jonction de la Loue à la Seille.

Le tracé quitterait le canal de Quingey à Dôle, près d'Augerans, se soutiendrait sur la gauche de la Loue et du Doubs, passant à l'est de Chaullin, pour prendre un vallon à l'est d'Asnans, en se dirigeant de manière à gagner un autre petit vallon à l'ouest d'Essards, et arriver à la vallée de la Brene, vis-à-vis de Moutier en Bresse, au-dessus de Bellevesvre; on suivrait la Brene et la Seille jusqu'à Louhans. Le point de partage, entre Asnans et Essards, sera alimenté par une dérivation de la rivière du Dorain, prise sous Villers-Robert, point où elle réunit les eaux de neuf lieues carrées de pays; la rigole aurait 20 kilomètres de développement. La longueur de la branche, placée au nord du point de partage, serait de 21 kilomètres, avec une pente présumée de 8 mètres. On devra même étudier, s'il est possible, de tenir cette partie du canal de niveau avec le bief de partage, en la mettant en communication avec la Loue, dont on dériverait les eaux nécessaires pour l'alimenter, ce qui épargnerait la rigole dont nous avons parlé précédemment. La seconde branche du canal, comprise depuis le faîte, entre le Doubs et la Brene, jusqu'à Louhans, aurait 43 kilomètres, avec une pente présumée de 32 mètres.

2° Jonction de la Seille à la Reyssouze et au Rhône.

De Louhans le canal suivrait la vallée du Solman, pour remonter ensuite celle du Sevron et du ruisseau de Malaval, affluent du Sevron; puis, par une coupure entre un petit vallon qui se verse dans celui de Malaval et le vallon du ruisseau de Vyriat, on gagnerait ce dernier, qu'on franchirait par un aqueduc assez élevé pour rejoindre le coteau à la droite de la Reyssouze, qu'on suivrait jusqu'aux environs de Bourg; on se porterait ensuite au sud de Bourg pour arriver à rejoindre aux environs de Longchamp le ruisseau de Lent, qui est une des branches de la rivière de Veyle. On suivrait ce ruisseau jusqu'au-dessus de Châtenay, d'où, par une coupure, on gagnerait le ruisseau de Chalamont ou de Vilieux, qui vient tomber à l'Ain, près du pont de Chazey; mais, arrivé près de Loyes, le canal se détournerait au sud-ouest pour passer près de Meximieux et de Montluel, et ne se rejoindre au Rhône qu'à Miribel, à trois lieues au-dessus de Lyon. Le point de partage, placé au nord-est de Chalamont, recevrait, outre les eaux des étangs circonvoisins dont le pays est couvert, une dérivation des eaux de l'Ain et du Suran, pris à leur confluent, au-dessus de Varambou, et amenée par une rigole qui arriverait au bief de partage par le vallon du ruisseau qui se jette dans l'Ain, entre Priay et Villette; cette rigole aurait 24 kilomètres de développement. La longueur du canal, depuis Louhans jusqu'au bief de partage, serait de 86 kilomètres, avec une pente que nous estimons à 65 mètres; et du bief de partage jusqu'à Miribel, la longueur serait de 41 kilomètres, avec une pente présumée de 102 mètres.

Communication de Bourg à la Saône, par la Veyle.

Des environs de Bourg au nord-est de Perronaz et au sud-est de Saint-Denis-le-Ceyzeria, une branche se détacherait du canal précédent pour descendre dans un petit vallon affluent à la rivière de Veyle, qu'elle suivrait ensuite jusqu'à son embouchure dans la Saône, à Pont-de-Veyle. La longueur de cette branche de canal serait de 39 kilomètres, et sa pente est évaluée à 62 mètres.

Une communication existe déjà par la Seille, entre Louhans et la Saône, et suffirait, avec celle que nous venons d'indiquer, pour relier avec cette rivière la ligne secondaire du Doubs au Rhône.

Nous ne nous arrêterons pas ici aux travaux d'intérêt local d'un tracé d'ailleurs facile, de Poligny et de Lons-le-Saulnier jusqu'à cette même ligne.

Navigation dans la vallée de l'Isère.

Nous croyons qu'il serait inutile de chercher à établir, dans les départements formés de l'ancien Dauphiné, d'autre ligne de navigation que le long de l'Isère, depuis Grenoble jusqu'à son embouchure, par un canal latéral de 98 kilomètres de longueur sur une pente qu'on évalue à 130 mètres. L'Isère porte quelques bateaux qui descendent des frontières de la Savoie; mais l'on ne pense pas qu'il devienne de longtemps intéressant de les faire remonter jusque là, et si le commerce, sur cette direction, prenait de l'importance, ce serait par un chemin de fer qu'il conviendrait de lui donner le débouché qu'il réclamerait.

Lignes de communication dans l'ancienne Provence.

Les départements des Bouches-du-Rhône et du Var manquent en

général de moyens de circulation, et il serait d'ailleurs important de se donner des moyens de servir l'arsenal de Toulon sans l'exposer aux risques de mer en cas de guerre maritime.

Nous croyons qu'il ne serait pas impossible de créer une ligne navigable, depuis le Rhône, près de l'embouchure de la Durance, jusqu'à l'embouchure de la rivière d'Argens, près de Fréjus, avec des embranchements dirigés sur Toulon et Marseille. Le tracé passerait près de Noves, d'Orgon, de Lamanou, de Polissanne, pour venir gagner la vallée de l'Arc, près de Coudoux; on remonterait cette vallée et celle du Sacaron jusqu'au moulin de Vitalis, près de Pourcieux; de là, un souterrain, placé au sud d'Ollière, mènerait à la vallée du Seillon, affluent de la rivière d'Argens, qu'on suivrait jusqu'à son embouchure. Le point de partage, près d'Ollière, pourrait recevoir des eaux de Pourcieux, Saint-Maximin, du Caulon, et des ruisseaux de Saint-Christophe et de Barjolles.

Un embranchement de cette ligne partant des environs d'Aix, et suivant le tracé autrefois proposé par Floquet pour le canal de Provence, pourrait se diriger sur Marseille par les territoires de Gardannes, Cabries et Septèmes : un second embranchement partant de la ligne qui suit la rivière d'Argens, près de Carce, à l'embouchure de la rivière d'Issolle, remonterait la vallée de l'Issolle jusqu'auprès de Besse; de là, se dirigeant au sud, on atteindrait par une coupure le sommet du vallon du ruisseau de Carnoulles, qui se jette dans la petite rivière du Gapau.

Le point de partage serait alimenté par les eaux de l'Issolle, et au besoin, par une dérivation de la rivière de Calami, prise au-dessus de Brignolles. Le canal, parvenu à la vallée du Gapau, se soutiendrait sur la droite pour parvenir, au-dessus de Notre-Dame-de-la-Crau, à la rivière qui descend de Solliès, il la franchirait par un pont-aqueduc, et se dirigerait sur la Valette pour arriver à Toulon, à l'est de la place.

Les tracés que nous venons d'indiquer nous paraissent possibles, malgré le grand nombre d'écluses qu'ils comporteraient; mais un motif puissant nous paraît s'opposer à l'adoption d'un système de canalisation en Provence. Les sources y sont rares, les sécheresses longues, et toutes les eaux que reçoit le pays sont une partie de l'année nécessaires aux irrigations; il serait difficile de concilier les intérêts de l'agriculture et ceux de la navigation : cette dernière nous paraît devoir céder, surtout si l'on considère qu'on peut obtenir des services, équivalents sous divers rapports, d'un système de chemins de fer qui suivraient les directions que nous venons d'indiquer pour des canaux.

Le chemin de fer tracé le long des rivières d'Arc et d'Argens aurait 198 kilomètres : la branche dirigée sur Marseille aurait 34 kilomètres, et celle qui se dirigerait sur Toulon en aurait 66.

ÉLÉMENTS DE L'ÉVALUATION

DES DÉPENSES A FAIRE

POUR CONSTRUIRE LES CANAUX DE PREMIÈRE ET DE SECONDE CLASSE PROJETÉS DANS LE PRÉSENT MÉMOIRE.

Utilité de l'évaluation des dépenses de construction des canaux qu'on a précédemment indiqués.

Après avoir indiqué les différents canaux dont nous croyons que devra se composer le système général de navigation intérieure à créer en France, il nous reste à présenter une appréciation au moins approximative de ce que coûtera leur construction. Cette recherche peut seule éclairer l'administration publique sur l'ordre qu'elle doit désirer suivre dans leur exécution, en la mettant à portée de comparer les dépenses de l'ouverture de chacun de ces canaux, avec les avantages commerciaux et économiques que l'État est en droit d'en attendre; et si, comme on doit le croire, ces grands travaux sont destinés à devenir l'objet de concessions particulières, il est également utile, sous ce nouveau rapport, de joindre au tableau général des créations pour lesquelles on provoque le zèle et les calculs des spéculateurs, une indication de l'importance présumée des entreprises offertes à leur concurrence.

J'essaierai d'atteindre ce but; et je vais d'abord exposer les éléments des calculs que j'établirai.

Recherches des éléments de l'évaluation des canaux de première classe.

Considérant d'abord les canaux de première classe, j'ai pris pour base de mes recherches la dépense de construction des canaux du Midi, du Charolais et de Saint-Quentin; en ayant égard, relativement au premier, à la différence de la valeur de l'argent à l'époque de son ouverture et au moment actuel; et en faisant abstraction par rapport au canal de Saint-Quentin des dépenses des souterrains.

J'en ai déduit que le kilomètre de longueur de canal, non compris les écluses, mais en comptant les tranchées, les ponts, les aqueducs, etc., et même les maisons d'éclusiers, qu'on ne doit pas multiplier autant que les écluses, quand ces dernières sont très rapprochées, revient moyennement à 80,000 francs (1), et que le mètre de chute rachetée par des écluses, en y comprenant les accessoires de ces ouvrages, revient moyennement à 24,000 fr.

Ce seraient les prix que nous adopterions, si l'expérience des canaux actuellement en construction ne nous avait fait connaître que le mode suivi pour l'acquisition des terrains en a fait beaucoup élever les prix, et que sous ce rapport les données que j'ai adoptées ne sont plus applicables. Je porte en conséquence le prix du kilomètre de canal à 90,000 fr., en laissant subsister celui de 24,000 fr. pour le mètre de hauteur d'écluse.

J'ai évalué le kilomètre de longueur de rigoles à 18,000 fr., y compris également les constructions accessoires et les indemnités que nécessite la distraction des eaux.

Le canal souterrain de Saint-Quentin, de 8 mètres de largeur et de 8 mètres de hauteur sous clef, revient assez exactement à 500 fr. le mètre courant, y compris les voûtes; mais la nature du sol et le bon marché de la brique ont permis de faire ce grand travail avec assez d'économie. Je suppose que les souterrains appartenant aux navigations de première classe n'auront que 6 mètres de largeur sur 7 mètres de hauteur sous voûte, et que le halage s'y fera de dessus les bateaux et sans banquettes; et toutefois, en admettant une aussi grande réduction dans les dimensions, je compte que les canaux souterrains de ce genre coûteront 500 fr. le mètre, et même 1,000 fr. dans les parties où l'on a lieu de supposer que la nature de la pierre peut offrir plus de difficultés.

Recherche des éléments de l'évaluation des canaux de deuxième classe.

On n'a point encore terminé, en France, l'exécution de canaux de dimensions telles que celles que nous attribuons aux canaux qui doivent former la deuxième classe de notre navigation intérieure; et pour établir les éléments du calcul de leur appréciation, je serai obligé de les déduire des prix applicables aux communications navigables de première classe, par diverses comparaisons entre leurs parties analogues.

Voici les résultats des comparaisons les plus importantes:

Lorsque l'on peut suivre à peu près la surface du terrain, les terras-

(1) Le canal de Charolais a coûté moins cher; le canal du Midi a coûté un peu plus, ainsi que le canal de Saint-Quentin, mais dans ce dernier l'ouverture des grandes tranchées augmente beaucoup la valeur moyenne du kilomètre de canal.

sements d'un canal de deuxième classe doivent coûter à peu près les $\frac{3}{5}$ de ceux d'un canal de première. Les indemnités pour la surface de terrain occupée peuvent se réduire également dans le rapport de 5 à 8, en se bornant à ce qui est rigoureusement convenable pour un canal secondaire.

Dans les tranchées de 6 à 12 mètres, la voie d'eau pouvant admettre deux bateaux, le rapport de la dépense des deux canaux varie des $\frac{3}{4}$ aux $\frac{6}{7}$. Dans les tranchées de 12 à 18 mètres, la voie d'eau n'admettant qu'un seul bateau, le rapport des dépenses varie des $\frac{8}{9}$ aux $\frac{9}{10}$; mais on observera qu'en petite navigation il doit presque toujours être avantageux d'entrer en souterrain à moins de 15 mètres de profondeur.

Les ponts sur un petit canal ne coûteront que moitié à peu près de ce qu'ils coûteront sur un grand; les aqueducs coûteront les $\frac{3}{4}$.

D'après ces diverses données, j'admettrai que le kilomètre de longueur de canal de seconde classe reviendra à 57,000 fr., le kilomètre de première classe étant porté à 90,000 fr.

Une écluse de 2^m,60 de largeur, 16^m,50 de longueur et 2^m,50 de chute, coûtera les $\frac{5}{8}$ du prix d'une écluse de même chute, avec un sas de 32^m,50 de longueur et 5^m,20 de largeur. Ainsi le mètre de chute dans un grand canal étant évalué à 24,000 fr., le mètre de chute dans un canal de seconde classe s'estimera 15,000 fr.

Il sera utile sur quelques canaux secondaires de se donner la possibilité de transporter des mâtures; et à cet effet, d'adopter pour leurs écluses des sas de 32^m,50 de longueur sur 2^m,60 de largeur. Je trouve en calculant le prix d'une écluse de ce genre, comparativement à une écluse de grand canal, que le mètre de hauteur de chute peut dans ce cas être évalué à 22,000 fr.

Les rigoles nécessaires à l'entretien des points de partage, étant semblables dans les deux systèmes de canaux, seront évaluées au même prix.

J'admets que les souterrains des canaux de deuxième classe seront ouverts sur 3^m,40 de largeur et 5^m,50 de hauteur; en conséquence, j'estime que la dépense variera de la moitié au tiers de celle d'un souterrain des dimensions fixées ci-dessus pour les canaux de première classe, selon les difficultés plus ou moins grandes que présentera la nature du sol et les moyens à prendre pour assurer la solidité des voûtes; aussi les appréciations des souterrains de seconde classe varieront-elles de 250 à 400 fr. le mètre courant.

J'observerai enfin que l'extrême cherté des travaux qui se sont exécutés depuis vingt ans à Paris et dans les environs, et surtout la valeur des indemnités que ces travaux comportent, m'ont déterminé à estimer ceux qui sont proposés dans un cercle de dix lieues de rayon autour de la capitale, à des prix une fois et demie plus élevés que les constructions de même genre dans le reste de la France.

Observation relative aux travaux à exécuter autour de Paris.

Les parties les plus considérables des estimations que je vais présenter sont celles qui résultent de la longueur des canaux à ouvrir, et de la hauteur ou chute à racheter par des écluses : les dépenses relatives aux rigoles et aux souterrains ne passant guère le dixième des dépenses totales.

Considérations sur le degré de précision des évaluations portées ci-après.

Les prix dont je me sers pour évaluer ce qui se rapporte à la longueur des canaux et à leur chute, étant déduits *à posteriori* de trois grandes expériences, comprennent toutes les fausses dépenses, les accidents, les objets imprévus, etc., qui échappent aux estimations faites *à priori*, telles que celles que l'on présente ordinairement.

L'exactitude de nos calculs dépendra donc surtout de l'évaluation plus ou moins précise des longueurs de canaux à ouvrir, et des hauteurs dont on aura à monter ou à descendre par des écluses.

Les cartes sur lesquelles les longueurs ont été mesurées ne peuvent pas donner lieu à des erreurs très sensibles.

Quant aux hauteurs ou pentes que j'indique, s'il en est quelques unes que je présente comme des résultats de nivellements, la plupart ne sont présentées que comme calculées par estime ; et quoique j'aie cherché à m'éclairer à cet égard par les meilleurs et les plus nombreux renseignements, je suis loin de garantir la précision, même approximative, des quantités que j'annonce comme hypothétiques. Mais si l'on remarque que la partie de la dépense qui résulte des hauteurs est moyennement le cinquième de la dépense totale pour les canaux de première classe, et moins du tiers pour ceux de seconde classe, on en conclura que si je m'étais trompé de la moitié sur la somme des hauteurs, ce qui n'est guère probable, l'erreur serait au plus du dixième sur les canaux de première classe, et du sixième sur ceux de deuxième classe, ou du huitième sur le montant général de mes estimations. Or, on sait que les estimations *à priori*, même faites avec soin, ne diffèrent que trop souvent de plus d'un huitième ou d'un sixième de la réalité. Au surplus, cette partie de mon travail attend plus que toute autre les rectifications que doivent apporter à mes recherches celles des autres ingénieurs qui s'occuperont après moi, soit de l'ensemble, soit des détails du système de navigation intérieure en France.

Nous ferons remarquer que nos estimations, basées sur des prix moyens, sont plus exactes, étant appliquées à l'ensemble d'un système général de navigation, que si elles se bornaient à un seul canal pris isolément, l'effet des circonstances particulières qui peuvent accroître ou diminuer la dépense en quelques points se détruisant lorsqu'on considère une masse considérable de travaux.

ESTIMATION APPROXIMATIVE

DES DÉPENSES NÉCESSAIRES A LA CONSTRUCTION DES CANAUX QUI DOIVENT FAIRE PARTIE DU SYSTÈME DE NAVIGATION DE PREMIÈRE ET DE SECONDE CLASSE DE LA FRANCE, ET DONT L'EXÉCUTION N'EST PAS ENCORE ENTREPRISE.

LIGNES DE NAVIGATION DE PREMIER ORDRE.

INDICATION DES CANAUX.	LONGUEURS de canal en kilomètres.	SOUTERRAINS en mètres.	HAUTEURS d'écluses en mètres.	ÉCLUSES sans chute.	RIGOLES en kilomètres.	GALERIES pour rigoles, en mètres.	PRIX.	PRODUITS.	TOTAUX.	OBSERVATIONS.
							fr.	fr.	fr.	
1re LIGNE, DE PARIS AU HAVRE.	. . . .	. . . .	. . . .	. . . .	. . . .	. . . .	. . .	. . . . .	. . . . . .	Ci pour mémoire.
2e LIGNE, DE PARIS A LA BELGIQUE.										
Rectification de la navigation de Paris à l'Oise, entre Saint-Denis et la Frette.	4	3,000	2,50	1	. . . .	. . . .	135,000 1,000 36,000 120,000	540,000 3,000,000 90,000 120,000	3,750,000	Écluse de garde.
3e LIGNE, DE PARIS A STRASBOURG.	507	11,900	540	2	11	4,000	90,000 750 24,000 80,000 18,000 100	45,630,000 8,925,000 12,960,000 160,000 198,000 400,000	68,273,000	L'estimation détaillée de ce canal monte à 67,500,000 fr.
4e LIGNE, DE PARIS A MARSEILLE.										
1° Canal le long du Rhône.	280	. . . .	. . . .	. . . .	. . . .	. . . .	. . .	. . . . . .	35,500,000	Suivant le projet approuvé.
2° Du port de Bouc à Marseille.	42	5,000	180	. . . .	. . . .	. . . .	90,000 1,000 24,000	3,780,000 5,000,000 4,320,000	13,100,000	
5e LIGNE, DE PARIS A LA LOIRE SUPÉRIEURE.										
De Digoin à Roanne.	55	. . . .	50	. . . .	. . . .	. . . .	90,000 24,000	4,950,000 1,200,000	6,150,000	
6e LIGNE, DE PARIS A BORDEAUX.										
1° De Paris à la Loire, près de l'embouchure de la Vienne.	343	3,000	277	. . . .	78	1,500	90,000 500 24,000 18,000 100	30,870,000 1,500,000 6,648,000 1,404,000 150,000	40,572,000	
2° De la Loire à la Dordogne.	339	6,500	409	. . . .	135	2,000	90,000 1,000 24,000 18,000 100	30,510,000 6,500,000 9,816,000 2,430,000 200,000	49,456,000	
3° De la Dordogne à la Garonne.	8	. . . .	. . . .	2	. . . .	. . . .	90,000 120,000	720,000 240,000	960,000	
Report à l'autre part.	1,578	29,400	1,458,50	. . . .	. . . .	. . . .	. . .	. . . . . .	217,761,000	

SUITE DES LIGNES DE NAVIGATION DE PREMIER ORDRE.

INDICATION DES CANAUX.	LONGUEURS de canal en kilomètres.	SOUTERRAINS en mètres.	HAUTEURS d'écluses en mètres.	ÉCLUSES sans chute.	RIGOLES en kilomètres.	GALERIES pour rigoles, en mètres.	PRIX.	PRODUITS.	TOTAUX.	OBSERVATIONS.
							fr.	fr.	fr.	
Report d'autre part.	1,578	29,400	1,458 50	....	....	....	...	......	217,761,000	
7ᵉ Ligne, de Paris a la Rochelle.										
	64	....	....	....	....	....	90,000	5,760,000		
		6,000	....	....	....	....	1,000	6,000,000		
Canal du Clain à la Sèvre Niortaire.			190	....	....	....	24,000	4,560,000	17,460,000	
					55	....	18,000	990,000		
						1,000	150	150,000		
8ᵉ Ligne, de Paris a Brest.	....	....	....	....	....	....	...	......	......	Tout ce qu'exige cette ligne est entrepris, ou fait partie des travaux ci-dessus indiqués.
9ᵉ Ligne, de Bayonne et de Bordeaux, a Marseille.										
1° De l'Adour à la Garonne.	....	....	....	....	....	....	...	......	18,000,000	Suivant un projet déjà approuvé.
	80	....	....	....	....	....	90,000	7,200,000		
2° De Toulouse à Moissac.			55	....	....	....	24,000	1,320,000	8,520,000	
10ᵉ Ligne, de Marseille a Strasbourg.	....	....	....	....	....	....	...	......	......	Tout ce qu'exige cette ligne est entrepris, ou fait partie des travaux ci-dessus indiqués.
11ᵉ Ligne, de Bordeaux a Huningue.										
	425	....	....	....	....	....	90,000	38,250,000		
1° De la Dordogne à la Loire, près de Digoin.		2,500	....	....	....	....	1,000	2,500,000	56,902,000	
			601	....	....	....	24,000	14,424,000		
					96	....	18,000	1,728,000		
2° Nouvelle branche du canal du Charolais.	29	....	....	....	....	....	90,000	2,610,000	3,762,000	
			48	....	....	....	24,000	1,152,000		
12ᵉ Ligne, de Nantes a Huningue.										
	49	....	....	....	....	....	90,000	4,410,000		
Jonction du canal de Briare à l'Yonne.			88	....	....	....	24,000	2,112,000	7,152,000	
					35	....	18,000	630,000		
	2,225	37,900	2,440 50	....	....	....	...	......	323,557,000	

Les 13ᵉ et 14ᵉ lignes de navigation ne figurent pas ici, ne présentant aucunes dépenses nouvelles à faire.

LIGNES DE NAVIGATION DE SECOND ORDRE.

INDICATION DES CANAUX.	LONGUEURS de canal en kilomètres.	SOUTERRAINS en mètres.	HAUTEURS de chute en mètres.	ÉCLUSES sans chute.	RIGOLES en kilomètres.	GALERIES pour rigoles, en mètres.	PRIX.	PRODUITS.	TOTAUX.	OBSERVATIONS.
PREMIÈRE RÉGION.										
							fr.	fr.	fr.	
1° De Paris à Dieppe, par Pontoise et Gisors.	131	....	....	....	....	....	57,000	7,467,000		
		6,200	....	....	....	....	250	1,550,000		
			240	....	....	....	15,000	3,600,000	14,005,000	
					66	....	18,000	1,188,000		
						2,000	100	200,000		
2° De l'Oise à Gournay, par Beauvais.	72	....	....	....	....	....	57,000	4,104,000	5,064,000	
			64	....	....	....	15,000	960,000		
3° De Rouen à Amiens.										
1° De Rouen à Gournay, par l'Andelle.	43	....	....	....	....	....	57,000	2,451,000		
			101	....	....	....	15,000	1,515,000	4,380,000	
					25	....	18,000	414,000		
2° De Beauvais à Amiens.	57	....	....	....	....	....	57,000	3,249,000		
		11,000	....	....	....	....	300	3,300,000	8,613,000	
			116	....	....	....	15,000	1,740,000		
					18	....	18,000	324,000		
4° De la Somme au port de Boulogne.	72	....	....	....	....	....	57,000	4,104,000		
			40	....	....	....	15,000	600,000	5,064,000	
				6	....	....	60,000	360,000		
5° De Boulogne aux canaux du Nord.	47	....	....	....	....	....	57,000	2,679,000		
		4,000	....	....	....	....	300	1,200,000		
			155	....	....	....	15,000	2,325,000	7,296,000	
					44	....	18,000	792,000		
						3,000	100	300,000		
6° De la Somme à la Scarpe et à la Sensée.	61	....	....	....	....	....	57,000	3,477,000		
		12,500	....	....	....	....	300	3,750,000	8,427,000	
			80	....	....	....	15,000	1,200,000		
7° Branche du canal de Saint-Quentin le long de l'Omignon.	28	....	....	....	....	....	57,000	1,596,000		
			33	....	....	....	15,000	495,000	2,091,000	
	511	33,700	829						54,940,000	
DEUXIÈME RÉGION.										
1° Canal de l'Oise à la Sambre avec embranchement sur l'Escaut.	100	....	....	....	....	....	57,000	5,700,000		
		1,500	....	....	....	....	250	375,000	9,600,000	
			193	....	....	....	15,000	2,895,000		
					35	....	18,000	630,000		
2° Ligne de Paris à la Meuse.										
1° De l'Ourcq à l'Aisne.	36	....	....	....	....	....	57,000	2,052,000		
		3,000	....	....	....	....	400	1,200,000	5,02[illegible],000	
			70	....	....	....	15,000	1,050,000		
					40	....	18,000	720,000		
2° De l'Aisne à la Meuse.	....	..	....	....	....	....	...	......	.....	Travail entrepris ou concédé.
A reporter. . .	136	4,500	263	....	....	....	...	14,622,000	14,622,000	

16

SUITE DES LIGNES DE NAVIGATION DE SECOND ORDRE.

INDICATION DES CANAUX.	LONGUEURS de canal en kilomètres.	SOUTERRAINS en mètres.	HAUTEURS de chute en mètres.	ÉCLUSES sans chute.	RIGOLES en kilomètres.	GALERIES pour rigoles, en mètres.	PRIX.	PRODUITS.	TOTAUX.	OBSERVATIONS.
							fr.	fr.	fr.	
De l'autre part. . .	136	4,500	263	. . . .	. . . .	. . . .	. . . .	14,622,000	. . . .	
3° Ligne du canal de St.-Quentin à la Marne.										
1° De Chauny à l'Aisne, par la Lette.	36	 2,500	 47	. . . .	 15	. . . .	57,000 300 15,000 18,000	2,052,000 750,000 705,000 270,000	3,777,000	
2° De l'Aisne à la Marne par la Vesle.	89	 1,500	 83	. . . .	 27	. . . .	57,000 250 15,000 18,000	5,073,000 375,000 1,245,000 486,000	7,179,000	
4° Ligne de la Meuse à la ligne de 1er ordre, n° 3, par l'Aisne supérieure.	100	. . . .	 113	. . . .	 40	. . . .	57,000 15,000 18,000	5,700,000 1,695,000 720,000	8,115,000	
5° Ligne des places frontières du Nord à celles de l'Est.										
1° De l'Oise à la Meuse.	118	 2,000	 192	. . . .	 30	 1,800	57,000 300 15,000 18,000 100	6,726,000 600,000 2,880,000 540,000 180,000	10,926,000	
2° De la Meuse à la Moselle.	146	 600	 176	. . . .	 41	 2,500	57,000 300 15,000 18,000 100	8,322,000 180,000 2,640,000 738,000 250,000	12,130,000	
3° Jonction avec la ligne de 1er ordre, n° 3, près de Frouard.	2	. . . .	 9	. . . .	. . . .	. . . .	90,000 24,000	180,000 216,000	396,000	Dimension des canaux de première classe.
6° Canal latéral à la Meuse, de Verdun, à la ligne de 1re classe n° 3.	80	. . . .	 48	. . . .	. . . .	. . . .	90,000 24,000	7,200,000 1,152,000	8,352,000	
7° Ligne de la Seille et communication avec le canal de Paris à Strasbourg et canal le long de la Sarre.	146	. . . .	 127	. . . .	. . . .	. . . .	57,000 15,000	8,322,000 1,905,000	10,227,000	On ne compte pour le canal le long de la Seille que depuis.
	853	11,100	1,058						75,724,000	

CANAUX DE LA TROISIÈME RÉGION.

INDICATION DES CANAUX.	LONGUEURS de canal en kilomètres.	SOUTERRAINS en mètres.	HAUTEURS de chute en mètres.	ÉCLUSES sans chute.	RIGOLES en kilomètres.	GALERIES pour rigoles, en mètres.	PRIX.	PRODUITS.	TOTAUX.	OBSERVATIONS.
1° Communication de la Haute-Marne à la Haute-Saône.	225	 2,500	 412	. . . .	 32	 2,000	57,000 300 15,000 18,000 100	12,825,000 750,000 6,180,000 576,000 200,000	20,531,000	
2° Communication de l'Aube avec la Haute-Marne.	115	. . . . .	 208	. . . .	 18	. . . .	57,000 15,000 18,000	6,555,000 3,120,000 324,000	9,999,000	
A reporter. . .	340	2,500	620	. . . . .	. . . . .	. . . . .	. . . .	. . . . . .	30,530,000	

SUITE DES LIGNES DE NAVIGATION DE SECOND ORDRE.

INDICATION DES CANAUX.	LONGUEURS de canal en kilomètres.	SOUTERRAINS en mètres.	HAUTEURS de chute en mètres.	ÉCLUSES sans chute.	RIGOLES en kilomètres.	GALERIES pour rigoles, en mètres.	PRIX.	PRODUITS.	TOTAUX.	OBSERVATIONS.
							fr.	fr.	fr.	
Ci-contre.	340	2,500	620	.....	.....	.....	....		30,530,000	
3° Jonction de la Haute-Seine au canal de Bourgogne.	170	 2,000	 404	....	 65	....	57,000 300 15,000 18,000	9,690,000 600,000 6,060,000 1,170,000	17,520,000	
4° Jonction de la Marne à la Seine.	72	 1,800	 127	....	 18	 2,500	57,000 250 15,000 18,000 80	4,104,000 450,000 1,905,000 324,000 200,000	6,983,000	
5° Ligne de la Haute-Marne au canal de Bourgogne.	136	.....	 237	....	 64	....	57,000 15,000 18,000	7,752,000 3,555,000 1,152,000	12,459,000	
6° De la Moselle à la Saône, par le Madon.	241	 3,000	 296	....	 72	....	57,000 300 15,000 18,000	13,737,000 900,000 4,440,000 1,296,000	20,373,000	
7° De la Haute-Meuse au Madon.	70	.....	 119	....	 36	 600	57,000 15,000 18,000 100	3,990,000 1,785,000 648,000 60,000	6,483,000	
8° Navigation latérale à la Moselle jusqu'à Épinal.	65	.....	 72	....	....	....	57,000 15,000	3 705,000 1,080,000	4,785,000	On ne suppose pas l'exécution d'un canal de la Moselle supérieure à la Saône.
9° Jonction de la Haute-Saône au canal du Rhône au Rhin, près de Montbelliard.	80	 1,500	 219	....	 48	 1,500	57,000 400 15,000 18,000 100	4,560,000 600,000 3,285,000 864,000 150,000	9,459,000	
	1,174	10,800	2,094						108,592,000	

CANAUX DE LA QUATRIÈME RÉGION.

INDICATION DES CANAUX.	LONGUEURS de canal en kilomètres.	SOUTERRAINS en mètres.	HAUTEURS de chute en mètres.	ÉCLUSES sans chute.	RIGOLES en kilomètres.	GALERIES pour rigoles, en mètres.	PRIX.	PRODUITS.	TOTAUX.	OBSERVATIONS.
1° Canal de l'Yonne à la Loire, par l'Aron.										Canal de Nivernais déjà entrepris.
2° Canal de l'Yonne à la Loire, de Clamecy à Cosne.	85	 5,500	 123	....	 12	....	57,000 300 15,000 18,000	4,845,000 1,650,000 1,845,000 216,000	8,556,000	
3° Ligne de l'Yonne au canal de Bourgogne, par la Cure, le Cousin et le Serain.	96	.....	 273	....	 34	....	57,000 15,000 18,000	5,472,000 4,095,000 612,000	10,179,000	
4° Canal dans la vallée de l'Arroux, et jonction de l'Arroux à l'Aron.	110	 1,800	 176	....	 21	....	57,000 300 15,000 18,000	6,270,000 540,000 2,640,000 378,000	9,828,000	
5° Canal de Berry.										En cours d'exécution.
A reporter. ..	291	7,300	572	.....	.....	.....	....	......	28,563,000	

SUITE DES LIGNES DE NAVIGATION DE SECOND ORDRE.

INDICATION DES CANAUX.	LONGUEURS de canal en kilomètres.	SOUTERRAINS en mètres.	HAUTEURS de chute en mètres.	ÉCLUSES sans chute.	RIGOLES en kilomètres.	GALERIES pour rigoles en mètres.	PRIX.	PRODUITS	TOTAUX.	OBSERVATIONS.
							fr.	fr.	fr.	
De l'autre part..	291	7,300	572	.....	.....	.....	.....	.....	28,563,000	
6° Communication entre le canal de Berry et la ligne de première classe, n° 11.	74	.....	.....	.....	.....	.....	57,000	4,218,000	9,471,000	
		5,000	.....	.....	.....	.....	300	1,500,000		
			195	.....	.....	.....	15,000	2,925,000		
					46	.....	18,000	828,000		
7° Canal de la Saudre.	121	.....	.....	.....	.....	.....	57,000	2,097,000	4,686,000	
			115	.....	.....	.....	15,000	1,725,000		
					48	.....	18,000	864,000		
8° Canal de l'Indre et jonction avec le canal de Berry.	234	.....	.....	.....	.....	.....	57,000	13,338,000	18,003,000	On comprend toute la navigation de l'Indre.
		1,600	.....	.....	.....	.....	300	480,000		
			225	.....	.....	.....	15,000	3,375,000		
					45	.....	18,000	810,000		
9° Canal latéral à la Vienne.	212	.....	.....	.....	.....	.....	57,000	12,084,000	14,919,000	
			189	.....	.....	.....	15,000	2,835,000		
10° Canal de la Creuse et jonction avec la ligne de 1re classe, n° 11.	238	.....	.....	.....	.....	.....	57,000	13,566,000	21,063,000	
		2,000	.....	.....	.....	.....	300	600,000		
			405	.....	.....	.....	15,000	6,075,000		
					39	.....	18,000	702,000		
						1,200	100	120,000		
11° Jonction de la Creuse à l'Indre.	38	.....	.....	.....	.....	.....	57,000	2,166,000	3,924,000	
		2,400	.....	.....	.....	.....	300	720,000		
			50	.....	.....	.....	15,000	750,000		
					16	.....	18,000	288,000		
12° Communication du Cher à la ligne de premier ordre, n° 6, de Paris à Bordeaux.	229	.....	.....	.....	.....	.....	57,000	13,053,000	23,716,000	
		6,500	.....	.....	.....	.....	300	1,950,000		
			395	.....	.....	.....	15,000	5,925,000		
					141	.....	18,000	2,538,000		
						2,500	100	250,000		
13° Ligne de la Creuse à la Charente.	99	.....	.....	.....	.....	.....	57,000	5,643,000	12,219,000	
		5,100	.....	.....	.....	.....	300	1,530,000		
			232	.....	.....	.....	15,000	3,480,000		
					87	.....	18,000	1,566,000		
14° De la Vienne à la rivière d'Isle.	136	.....	.....	.....	.....	.....	57,000	7,752,000	13,110,000	
		3,000	.....	.....	.....	.....	300	900,000		
			242	.....	.....	.....	15,000	3,630,000		
					46	.....	18,000	828,000		
15° Ligne de la Haute-Vienne à la Dordogne.	129	.....	.....	.....	.....	.....	57,000	7,353,000	15,405,000	
		3,300	.....	.....	.....	.....	300	990,000		
			374	.....	.....	.....	15,000	5,610,000		
					64	.....	18,000	1,152,000		
						3,000	100	300,000		
	1,801	36,200	2,994						165,079,000	

CANAUX DE LA CINQUIÈME RÉGION.

INDICATION DES CANAUX.	LONGUEURS de canal en kilomètres.	SOUTERRAINS en mètres.	HAUTEURS de chute en mètres.	ÉCLUSES sans chute.	RIGOLES en kilomètres.	GALERIES pour rigoles en mètres.	PRIX.	PRODUITS	TOTAUX.	OBSERVATIONS.
1° Canal latéral à l'Eure, et jonction avec la ligne de 1re classe, n° 6.	138	....	....	....	....	....	57,000	7,866,000	9,336,000	
			98	....	....	....	15,000	1,470,000		
2° Ligne de Paris en Normandie et à Cherbourg, avec embranchement sur Caen.	450	....	....	....	....	....	57,000	25,650,000	42,639,000	
		11,300	....	....	....	....	300	3,390,000		
			735	....	....	....	15,000	11,025,000		
					143	....	18,000	2,574,000		
A reporter. . .	588	11,300	833	....	....	....	....	......	51,975,000	

SUITE DES LIGNES DE NAVIGATION DE SECOND ORDRE.

INDICATION DES CANAUX.	LONGUEURS de canal en kilomètres.	SOUTERRAINS en mètres.	HAUTEURS de chute en mètres.	ÉCLUSES sans chute.	RIGOLES en kilomètres.	GALERIES souterraines pour rigoles en mètres.	PRIX.	PRODUITS.	TOTAUX.	OBSERVATIONS.
Ci-contre. . . .	588	11,300	833	.....	.....	.....	fr.	fr.	fr. 51,975,000	
3° Canal de l'Eure à la Sarthe, par l'Huisne.	136	....	....	....	....	....	57,000	7,752,000	12,183,000	
		2,000	....	....	....	....	300	600,000		
			193	....	....	....	15,000	2,895,000		
					52	....	18,000	936,000		
4° Jonction de l'Orne à la Sarthe.	97	....	....	....	....	....	57,000	5,529,000	10,404,000	
		4,500	....	....	....	....	300	1,350,000		
			187	....	....	....	15,000	2,805,000		
					40	....	18,000	720,000		
5° Canal de l'Eure à la Sarthe, par l'Iton.	100	....	....	....	....	....	57,000	5,700,000	8,880,000	
			212	....	....	....	15,000	3,180,000		
6° Jonction de l'Orne à la Mayenne.	105	....	....	....	....	....	57,000	5,985,000	10,389,000	
		2,000	....	....	....	....	300	600,000		
			202	....	....	....	15,000	3,030,000		
					43	....	18,000	774,000		
7° Communication de la Mayenne à la Sarthe.	73	....	....	....	....	....	57,000	4,161,000	7,146,000	
		1,500	....	....	....	....	300	450,000		
			115	....	....	....	15,000	1,725,000		
					45	....	18,000	810,000		
8° Communication du Loir à la Mayenne.	48	....	....	....	....	....	57,000	2,736,000	6,220,000	
		3,500	....	....	....	....	300	1,050,000		
			110	....	....	....	15,000	1,650,000		
					38	....	18,000	684,000		
						1,000	100	100,000		
9° Ligne de la Vire à la Rance.	123	....	....	....	....	....	57,000	7,011,000	11,835,000	
		1,500	....	....	....	....	300	450,000		
			188	....	....	....	15,000	2,820,000		
				10	....	....	60,000	600,000		
					53	....	18,000	954,000		
10° Communication de la Vire à la Sienne.	28	....	....	....	....	....	57,000	1,596,000	4,146,000	
		2,500	....	....	....	....	300	750,000		
			102	....	....	....	15,000	1,530,000		
					15	....	18,000	270,000		
11° Jonction de la Mayenne à la Celune.	96	....	....	....	....	....	57,000	5,472,000	10,641,000	
		2,500	....	....	....	....	300	750,000		
			237	....	....	....	15,000	3,555,000		
					48	....	18,000	864,000		
12° Jonction de la Mayenne à la Vilaine.	77	....	....	....	....	....	57,000	4,389,000	7,857,000	
		1,500	....	....	....	....	300	450,000		
			168	....	....	....	15,000	2,520,000		
					21	....	18,000	378,000		
						1,200	100	120,000		
13° Jonction de la Mayenne au canal de Nantes à Brest, par l'Oudon et l'Erdre.	89	....	....	....	....	....	57,000	5,073,000	7,239,000	
		1,000	....	....	....	....	300	300,000		
			92	....	....	....	15,000	1,380,000		
					27	....	18,000	486,000		
14° Communication de l'Oust à St-Brieuc.	65	....	....	....	....	....	57,000	3,705,000	8,736,000	
		2,000	....	....	....	....	300	600,000		
			245	....	....	....	15,000	3,675,000		
					42	....	18,000	756,000		
	1,625	35,800	2,884	.....	.....	.....	....	......	157,651,000	

SUITE DES LIGNES DE NAVIGATION DE SECOND ORDRE.

INDICATION DES CANAUX.	LONGUEURS de canal en kilomètres.	SOUTERRAINS en mètres.	HAUTEURS de chute en mètres.	ÉCLUSES sans chute.	RIGOLES au kilomètre.	GALERIES souterraines pour rigoles en mètres.	PRIX.	PRODUITS.	TOTAUX.	OBSERVATIONS.
CANAUX DE LA SIXIÈME RÉGION.										
1° Ligne de Nantes à Bayonne.							fr.	fr.	fr.	
1° De Nantes à la Gironde.	261	.....	.....	.....	.....	.....	57,000	14,877,000	25,066,000	Projet proposé par M. Deschamps, et porté par lui à 18,000,000 fr.
		7,700	.....	.....	.....	.....	300	2,310,000		
			355	.....	.....	.....	15,000	5,325,000		
					118	.....	18,000	2,124,000		
						4,300	100	430,000		
2° De Bordeaux à l'Adour.	285	.....	.....	.....	.....	.....	57,000	16,245,000	18,015,000	
			76	.....	.....	.....	15,000	1,140,000		
					35	.....	18,000	630,000		
3° Branche de ce dernier canal à la Gironde.	20	.....	.....	.....	.....	.....	57,000	1,140,000	1,740,000	
			40	.....	.....	.....	15,000	600,000		
2° Ligne du Thouet au Grand-Lay.	197	.....	.....	.....	.....	.....	57,000	11,229,000	17,199,000	
		4,100	.....	.....	.....	.....	300	1,230,000		
			244	.....	.....	.....	15,000	3,660,000		
					60	.....	18,000	1,080,000		
3° Canal du Layon et jonction avec le Thouet.	67	.....	.....	.....	.....	.....	57,000	3,819,000	5,073,000	
			62	.....	.....	.....	15,000	930,000		
					18	.....	18,000	324,000		
	830	11,800	777						67,093,000	
CANAUX DE LA SEPTIÈME RÉGION.										
1° Jonction de la Saône à la Loire par l'Azergue et le Rahins.	72	.....	.....	.....	.....	.....	57,000	4,104,000	9,939,000	
		4,800	.....	.....	.....	.....	300	1,440,000		
			245	.....	.....	.....	15,000	3,675,000		
					40	.....	18,000	720,000		
2° Canal latéral à l'Allier.	170	.....	.....	.....	.....	.....	57,000	9,690,000	12,915,000	
			215				15,000	3,225,000		
3° Ligne de la Dordogne au canal du Midi.	369	.....	.....	.....	.....	.....	57,000	21,033,000	35,475,000	
		10,200	.....	.....	.....	.....	300	3,060,000		
			610	.....	.....	.....	15,000	9,150,000		
					124	.....	18,000	2,232,000		
	611	15,000	1,070	.....	.....	.....	....	......	58,329,000	

SUITE DES LIGNES DE NAVIGATION DE SECOND ORDRE.

INDICATION DES CANAUX.	LONGUEURS de canal en kilomètres.	SOUTERRAINS en mètres.	HAUTEURS de chute en mètres.	ÉCLUSES sans chute.	RIGOLES en kilomètres.	GALERIES souterraines pour rigoles, en mètres.	PRIX.	PRODUITS.	TOTAUX.	OBSERVATIONS.
CANAUX DE LA HUITIÈME RÉGION.										
Prolongement du canal de Narbonne jusqu'à Perpignan.	42	.....	.....	.....	.....	.....	fr. 57,000	fr. 2,394,000	2,619,000	
			15	.....	.....	.....	15,000	225,000		
Canal de l'Adour et jonction avec la Haute-Garonne.	296	.....	.....	.....	.....	.....	57,000	16,872,000	33,087,000	
		5,800	.....	.....	.....	.....	300	1,740,000		
			953	.....	.....	.....	15,000	14,295,000		
					10	.....	18,000	180,000		
	338	5,800	968						35,706,000	
CANAUX DE LA NEUVIÈME RÉGION.										
Communication du canal Monsieur, avec la vallée de la Loire.	55	.....	.....	.....	.....	.....	57,000	3,135,000	4,875,000	
		1,800	.....	.....	.....	.....	300	540,000		
			74	.....	.....	.....	15,000	1,110,000		
					5	.....	18,000	90,000		
Ligne du canal Monsieur au Rhône par la Seille, le Solman et la Reissouze.	191	.....	.....	.....	.....	.....	57,000	10,887,000	14,784,000	
			207	.....	.....	.....	15,000	3,105,000		
					44	.....	18,000	792,000		
Communication de Bourg à la Saône, par la Veyle.	39	.....	.....	.....	.....	.....	57,000	2,223,000	3,153,000	
			62	.....	.....	.....	15,000	930,000		
	285	1,800	343	.....	.....	.....	.....	.....	22,812,000	
RÉCAPITULATION.										
CANAUX DE 1re CLASSE.	2,225	37,900	2,440 50	.....	.....	.....	.....	.....	329,557,000	
CANAUX DE 2me CLASSE.										
Première région	511	33,700	829	.....	.....	.....	.....	.....	54,940,000	
Deuxième région	853	11,100	1,058	.....	.....	.....	.....	.....	75,724,000	
Troisième région	1,174	10,800	2,094	.....	.....	.....	.....	.....	108,592,000	
Quatrième région	1,801	36.200	2,994	.....	.....	.....	.....	.....	165,079,000	
Cinquième région	1,625	35,800	2,884	.....	.....	.....	.....	.....	157,651,000	
Sixième région	830	11,800	777	.....	.....	.....	.....	.....	67,093,000	
Septième région	611	15,000	1,070	.....	.....	.....	.....	.....	58,329,000	
Huitième région	338	5,800	968	.....	.....	.....	.....	.....	35,706,000	
Neuvième région	285	1,800	343	.....	.....	.....	.....	.....	22,812,000	
	8,028	162,000	13,017	.....	.....	.....	.....	.....	745,926,000	

OBSERVATIONS SUR LES TABLEAUX PRÉCÉDENTS.

Le tableau précédent ne comprend pas les dépenses des canaux déjà entrepris et en cours d'exécution, et dont les uns se font par les soins de l'administration et moyennant des emprunts, qui s'élèvent ensemble à 116,750,000 (lois des 5 août 1821 et 14 août 1822), et dont les autres sont établis aux frais et par les soins des concessionnaires.

Il ne comprend pas non plus les dépenses à faire pour améliorer le lit de nos rivières qui sont actuellement navigables, mais qui ont pour la plupart besoin de perfectionnement. L'octroi de navigation, dont une loi récente donne la faculté de concéder temporairement les produits, nous paraît devoir suffire en général aux travaux qu'elles réclament.

Enfin nous n'avons point fait entrer en ligne de compte l'établissement d'une navigation pour des bâtiments d'un grand tonnage entre Paris et la mer.

Nos estimations sont faites, dans l'hypothèse de certaines dimensions, pour les canaux de première et de deuxième classe; c'est ce qu'on voudra bien ne pas perdre de vue quand on les comparera avec des estimations déjà présentées pour quelques uns de ces canaux.

Motif de croire que le total des estimations précédentes est plutôt au-dessus qu'au-dessous de la réalité.

Quelques motifs font présumer que le montant total des évaluations précédentes est plutôt au-delà qu'en-deçà de la dépense réelle qu'exigera l'exécution des travaux proposés.

D'abord les prix dont je me suis servi sont déduits d'expériences faites aux frais du trésor public, et l'on peut admettre que les canaux à construire désormais seront généralement l'objet de concessions à perpétuité, et qu'ainsi leur exécution sera dirigée par l'esprit d'ordre et d'économie que l'intérêt particulier, mieux que tout autre mobile, apporte dans toutes les entreprises.

En second lieu, des parties très longues et assez multipliées des communications navigables proposées suivront le cours de rivières abondantes, ou même de fleuves et de grandes rivières. En différents points il sera possible de se servir avec économie, sans porter préjudice à la marche des bateaux, du lit même de ces rivières; ou si plus ordinairement on ouvre des canaux latéraux, on ne sera pas du moins forcé à la même économie d'eau, et par conséquent aux mêmes ouvrages, pour la ménager, que dans les canaux en pays élevé. En l'un et l'autre cas, les dépenses seront moindres que je les ai appréciées dans les calculs précédents.

Augmentations de dépenses auxquelles on doit avoir égard.

D'une autre part, il est deux articles de frais que je n'ai pas fait entrer en compte; ce sont la direction des travaux qu'on peut évaluer au vingtième du prix des ouvrages, et l'intérêt des capitaux employés jusqu'à ce que le canal puisse être livré à la circulation et devenir productif. Cette dernière partie de la dépense dépend du nombre d'années nécessaire pour l'exécution de l'entreprise; en admettant comme une moyenne que six ans soient nécessaires pour l'achèvement d'un canal, on trouvera qu'en définitive, pour avoir égard aux causes d'augmentation que nous venons d'indiquer, il faut élever les estimations ci-dessus présentées dans le rapport de 1 à 1.19, ou d'environ un cinquième (1).

En ayant donc égard à ces accroissements de dépense, et ne nous arrêtant pas, pour plus de sécurité, aux motifs de diminution précédemment rappelés, nous admettrons que la masse des travaux que comporte l'achèvement des canaux appartenant aux lignes de premier ordre exigerait. . . . . 396 millions,
et que la dépense des canaux de second ordre exigerait . 888 *id.*

TOTAL. . . . . 1284 millions.

Des moyens de pourvoir à la dépense de la construction des canaux proposés.

Des canaux dont nous avons indiqué le tracé, un petit nombre se trouve placé sur des directions assez favorables au commerce, et par conséquent offrant assez de chances de produits pour devenir immédiatement l'objet de spéculations particulières; mais la plupart ne pour-

---

(1) Nous supposons que les frais des études nécessaires préliminairement à l'exécution d'un canal, pour s'assurer complètement de sa possibilité et recueillir les données propres à éclairer suffisamment une compagnie de spéculateurs sur l'importance de la dépense, sont compris dans le vingtième porté ci-dessus; si on veut les compter à part, nous pouvons énoncer d'après notre expérience qu'ils ne doivent pas en général dépasser un millième de la dépense des travaux.

raient s'exécuter, d'ici à long-temps, dans la seule vue des bénéfices qu'une association de concessionnaires aurait lieu d'en attendre. Il sera donc indispensable que l'État prenne une part dans la dépense, en considérant comme un dédommagement convenable de ses avances, d'abord l'accroissement de la richesse publique dont le fisc retire sa part, et en seconde ligne, la diminution de frais d'entretien des voies actuelles de communication.

Manière dont le trésor public paraît devoir intervenir dans les dépenses des canaux.

Toutefois, si l'exécution des canaux est livrée aux spéculations de l'industrie, nous ne pensons pas qu'il soit avantageux et convenable au trésor public de s'y associer en quelque sorte, en se chargeant d'une partie de la dépense, ou en payant par parties aux spéculateurs une somme fixée à l'avance, à mesure de l'avancement de leurs travaux. La spéculation doit avoir pour base les produits présumés du canal à construire; que pendant un certain nombre d'années, à dater de l'ouverture d'une nouvelle voie de navigation, le trésor accorde, si cela est nécessaire, une prime qui accroisse le produit des péages dans un rapport déterminé, ou qu'il s'engage à payer aux spéculateurs chaque année, pendant un temps convenu, une rétribution calculée sur le nombre des jours pendant lesquels la navigation aura été libre sur le canal.

L'intervention du trésor ainsi établie n'aura rien de hasardé; elle n'aura lieu qu'en faveur d'entreprises réellement utiles à l'État; elle tendra à faire parfaitement entretenir les canaux après leur exécution, et enfin elle dédommagera les capitalistes qui se seront livrés à de telles entreprises, de la faiblesse des produits qu'ils doivent attendre des canaux dans les premiers temps qui suivront leur création et jusqu'à ce que les pays qu'ils traversent aient acquis, par l'effet même de l'ouverture de nouvelles communications, un accroissement de richesse et de circulation qui élève les produits proportionnellement aux fonds employés.

Aperçu de la dépense qu'on pourrait attribuer au trésor.

On sent que ce ne serait qu'à l'aide de données statistiques très étendues, et qui nous manquent absolument, qu'on pourrait chercher à se faire une idée de la somme qu'il conviendra de faire peser sur le trésor dans la dépense de chacun des canaux que nous avons indiqués; et même les calculs qu'on ferait aujourd'hui, si on pouvait en réunir les éléments, deviendraient sans doute très inexacts dans quelques années, à raison de l'accroissement progressif des richesses et de l'industrie. Nous nous bornerons donc à des hypothèses, plutôt pour tracer la marche que je crois convenable de suivre quand il s'agira de traiter de l'ouverture d'un canal avec une compagnie exécutante, et marquer la place d'un complément nécessaire au travail que j'ai entrepris, que pour offrir des évaluations qui me paraissent avoir quelque probabilité.

Admettons que le trésor doive contribuer pour un sixième dans la dépense ci-dessus évaluée à 1,284 millions.

Admettons encore que cette intervention du trésor ait lieu de la manière que nous avons indiquée, et que la prime accordée temporairement en augmentation des produits insuffisants des canaux doive se prolonger durant *vingt-cinq ans*. Enfin, supposons que l'exécution des canaux proposés doive se terminer dans le cours de soixante ans, et s'opère par parties égales chaque année. Le trésor, au bout de six ans, à partir de l'époque où commencera l'exécution des premiers travaux, aurait à payer une somme de 276,074 fr.; elle serait double l'année suivante, triple la troisième; elle s'accroîtrait ainsi pendant vingt-cinq ans, au bout desquels elle s'élèverait à 6,901,850 fr.; elle resterait à ce taux pendant vingt-neuf ans, puis elle décroîtrait uniformément ensuite pendant vingt-cinq années à partir de la deuxième, pour s'anéantir au bout de ce laps de temps (1).

Considérations sur la durée du temps nécessaire à l'exécution des travaux.

Le terme de soixante ans que nous avons supposé pour la durée de l'exécution des travaux nous paraît assez proportionné à la grandeur de l'objet qu'on se propose; d'une part il n'est pas assez éloigné pour qu'un gouvernement sage ne puisse l'envisager dans ses spéculations d'utilité publique, surtout lorsque l'État doit recueillir chaque année les fruits des efforts des années antérieures. D'autre part, en répartissant sur ce nombre d'années la masse totale des dépenses de main d'œuvre, qui ne s'élèveraient pas, déduction faite de ce qu'il faut attribuer aux acquisitions de terrains et aux indemnités dans nos estimations, à plus de 900 millions, on n'aurait à consommer chaque année que 15 millions en travaux de ce genre; cette somme, divisée entre plusieurs constructions disséminées sur divers points du royaume, n'est pas assez considérable, relativement à l'étendue de nos ressources de tout genre, pour qu'il en résulte dans les prix de la journée de l'ouvrier

(1) Voyez la note 2 ci-après.

et des moyens de transport, une augmentation préjudiciable à notre agriculture et à notre industrie.

Enfin, pourvu que nous ne nous soyons pas trop éloigné de la vérité, dans l'hypothèse que nous avons admise sur l'importance de la part que l'État doit prendre à sa charge dans ces grandes entreprises, le trésor public ne sera que bien faiblement grevé par les sacrifices qu'il devra s'imposer, surtout relativement aux avantages publics dont ils seront suivis.

RÉSUMÉ.

Je terminerai cet ouvrage par un résumé succinct de ses principaux résultats.

Nous sommes arrivés à une époque où, d'une part, la restauration et l'entretien de nos routes exigent le double des fonds annuels qu'on y consacre, et où, d'autre part, les transports par terre deviennent insuffisants à l'étendue et à la multiplicité de nos relations commerciales intérieures. Les inconvénients de cet état de choses sont, de plus, de nature à s'accroître progressivement.

Dans ces circonstances, il est temps de songer à poser les bases d'un système général de navigation intérieure qui forme un ensemble sagement coordonné de nos rivières navigables et de tous les canaux nécessaires à nos besoins de circulation et que comportent les formes du terrain.

Essayant d'esquisser ce vaste tableau, j'ai indiqué la position et le tracé sommaire d'un grand nombre de canaux de premier et de second ordre, dont la possibilité me paraît résulter du cours des eaux dans les pays qu'ils parcourent, et dont l'exécution laisserait peu à désirer au commerce, si ce n'est dans les contrées où l'élévation des montagnes et la rapidité des pentes ne comportent pas un emploi utile des écluses à sas.

Je propose donc, outre les canaux déjà existants ou projetés, et dont l'exécution est entreprise :

L'ouverture de 2,263 kilomètres de canaux de première classe, qui coûteraient 396 millions;

Et celle de 8,190 kilomètres de canaux de deuxième ordre, qui coûteraient 888 millions.

On ne peut espérer que des associations particulières se chargent de l'exécution de tous ces travaux uniquement dans la vue des bénéfices que produiraient les péages à faire peser sur le commerce. Il n'est pas très commun que les spéculations sur la construction des canaux soient immédiatement lucratives ; ce n'est que par l'effet lent et progressif de ces nouvelles voies de communication qu'un pays s'enrichit, et que la circulation, en devenant plus active, peut solder avec avantage les dépenses faites pour leur établissement. Ainsi, c'est à l'État à venir au secours de l'industrie particulière, soit afin d'accroître la richesse publique, et même, par suite, le revenu du fisc ; soit pour diminuer les frais de l'entretien de nos routes.

Le mode que nous proposons pour l'intervention du trésor public dans les entreprises des canaux où ce secours sera nécessaire, nous paraît le plus facile à concilier avec le système des concessions perpétuelles, et en même temps le plus propre à garantir l'État des chances auxquelles peuvent s'exposer les spéculateurs.

Enfin les aperçus auxquels nous nous sommes livré sur le temps nécessaire à l'exécution des travaux, et même sur l'importance de la part que le gouvernement doit prendre dans la dépense, nous semblent suffire pour établir que cette grande création peut se réaliser sans charge onéreuse pour le trésor, et sans porter atteinte à aucun intérêt collatéral, public ou particulier.

ESSAIS
SUR L'ART DE PROJETER
LES CANAUX DE NAVIGATION,

PAR MM. DUPUIS DE TORCY ET B. BRISSON,

INGÉNIEURS DES PONTS ET CHAUSSÉES,
ANCIENS ÉLÈVES DE L'ÉCOLE POLYTECHNIQUE (1).

L'art de projeter les canaux présente un problème dont les éléments se rapportent, les uns à la science économique, d'autres à la géographie, et d'autres enfin à la science des constructions. En effet, lorsque l'on propose un canal, on doit en déterminer la direction de manière à procurer à la nation qui l'entreprend le plus grand avantage avec le moins de dépense possible, question dépendante de l'économie publique; et le calcul de cette dépense résulte du tracé géographique du canal et de la nature des constructions que comporte son exécution. On sent que ce problème général doit admettre une solution précise; et si l'on avait une méthode qui la fît obtenir, on résoudrait également une foule d'autres questions de même genre, relatives, sous beaucoup de rapports, à l'art de l'ingénieur.

L'évaluation de l'avantage que produira l'ouverture d'un canal proposé, ou en général d'une nouvelle voie de communication, offre d'assez grandes difficultés, lors même que pour la simplifier on fait abstraction de plusieurs éléments peu susceptibles de mesure, qu'elle paraît devoir renfermer. Il faut d'abord déterminer comment, dans un

(1) M. Dupuis de Torcy, qui avait déjà donné des preuves d'un grand talent, est mort à Cayenne, où il avait été envoyé, sur sa demande, comme ingénieur des ponts et chaussées. Il avait à peine trente ans.

pays dont l'état de richesses est regardé comme constant, la production et la consommation s'opèrent, en quelque sorte périodiquement, par l'effet combiné des facultés et des besoins de tous les habitants; et parmi les causes qui influent sur ce mouvement révolutif des richesses, on doit distinguer les communications qui lient les diverses parties de ce pays, soit entre elles, soit avec les pays voisins. Qu'on suppose ensuite l'ouverture d'une nouvelle voie de communication, le mouvement change et avec lui l'état des richesses, et par conséquent la production et la consommation; mais l'une et l'autre doivent arriver au bout d'un temps plus ou moins prolongé, et après avoir passé par plusieurs états variables, à un nouvel état fixe, différent de celui qui existait avant l'introduction d'une cause de changement, et la comparaison des états postérieurs à l'état antérieur donne les moyens d'apprécier l'effet produit. C'est ainsi que nous concevons possible le calcul de l'avantage qui doit résulter d'une nouvelle voie de communication; mais nous écarterons pour le moment ces questions compliquées, et nous remettrons à une autre époque pour développer nos recherches à ce sujet.

Les constructions particulières aux canaux ont déjà été décrites dans plusieurs ouvrages connus, et d'ailleurs les difficultés d'exécution qu'elles présentent sont semblables généralement à celles que l'on rencontre dans tous les autres travaux considérables.

Il reste à étudier la partie de l'art de projeter les canaux qui se lie à la géographie physique. Ce sera là l'objet principal de ce mémoire; et quoique les principes que nous allons exposer soient de nature à s'appliquer au tracé des routes, surtout des routes en pays de montagnes, comme à celui des canaux, c'est particulièrement sous ce dernier point de vue que nous comptons les envisager.

Les canaux se divisent en deux classes; dans la première, sont ceux destinés à suppléer la navigation difficile ou impossible des rivières et des fleuves; ils sont établis dans les mêmes vallées et leurs eaux en sont dérivées; on les appelle *canaux de dérivation*. Dans la seconde classe, sont les canaux qui ont pour objet de créer une ligne navigable entre les bassins de deux rivières, en franchissant la chaîne de montagnes qui les sépare. Il y a donc sur cette chaîne un point auquel les eaux doivent être d'abord amenées, pour être ensuite partagées entre les deux branches du canal qu'on se propose d'établir, et ces sortes de canaux, pour cette raison, se nomment *canaux à point de partage*. Ces derniers, outre les difficultés qui leur sont communes avec les premiers, en offrent de particulières, et c'est pourquoi nous les considérerons principalement. On voit donc que, pour projeter en général un canal de navigation, il convient d'étudier les rapports qui existent entre les cours d'eau des pays qu'il doit traverser, et leur configuration.

Un pays quelconque est en général composé ou du système de ses chaînes de montagnes qui sont séparées par les lignes des plus grandes profondeurs, par les *thalwegs* des bassins de ses rivières, ou du système des bassins de ses rivières que séparent les lignes des sommités. Les grandes rivières, les fleuves, ont des rivières affluentes; celles-ci en reçoivent d'autres, et ainsi de suite jusqu'aux moindres ruisseaux qui prennent leurs sources près des faîtes des chaînes de montagnes. De même les principales chaînes de montagnes ont de premières ramifications, d'autres ensuite, et divergent ainsi jusqu'à leurs derniers appendices, c'est-à-dire, jusqu'aux caps qu'elles forment sur les bords des rivières et des mers. On a de la sorte des chaînes et des bassins de divers ordres, et l'on doit remarquer qu'une chaîne ou un bassin d'un ordre quelconque, est entièrement composé d'une suite de chaînes ou de bassins de l'ordre immédiatement inférieur.

Si l'on embrasse sous le même point de vue de plus grands espaces, on sera conduit à considérer les continents comme de vastes chaînes, dont les *faîtes* circonscriront les bassins des mers, et qui seront elles-mêmes séparées au-dessous des eaux par de simples lignes, qu'on peut appeler les *thalwegs* de ces immenses bassins. La surface entière de la partie solide du globe pourra de la sorte être indifféremment regardée comme composée, soit de la chaîne des continents, soit du système des bassins des mers, en concevant, ainsi que nous l'avons fait les uns et les autres, de ces grands éléments étendus jusqu'à leurs dernières et véritables limites. Il nous suffira de ces seules observations pour reconnaître les principales propriétés de la surface terrestre relatives à notre objet.

On aperçoit d'abord que les parties de cette surface qui se succèdent de chaque faîte à chaque thalweg, et de chaque thalweg à chaque faîte, ont des pentes alternatives, c'est-à-dire, sont inclinées dans des sens opposés à l'égard de l'horizon. Or, ces pentes, quoique susceptibles de quelques variations dans le sens de leur longueur, peuvent s'exprimer sensiblement par des plans, qu'on concevra plus ou moins étendus, selon que les pentes qu'ils devront représenter appartiendront à des chaînes ou à des bassins des premiers ordres ou des ordres inférieurs; et tous ces plans étant classés et réunis selon les ordres des chaînes et des bassins auxquels ils correspondent, formeront, par leurs divers ensembles, des polyèdres, dont chacun représentera la surface terrestre avec plus ou moins de précision, et qui en approcheront de plus en plus à mesure que le nombre de leurs faces sera plus grand, et chacune de ces faces en même temps terminée par des limites plus resserrées.

La nature des recherches que nous avons à faire sur cette surface met cependant des bornes à cette approximation. Si l'on y considérait des parties trop petites, les moindres inégalités y deviendraient très sensibles, et les polyèdres qu'il faudrait imaginer pour exprimer toutes ces inégalités, n'auraient plus la propriété que nous attribuons à la surface à laquelle nous les comparons, d'être composés de pentes alternatives.

Il convient donc de ne comprendre dans la série de ces polyèdres que ceux dont les faces seront terminées par des limites très prononcées, telles, par exemple, que les faîtes et les thalwegs qui, sur les continents, séparent les bassins ou tracent les cours des derniers ruisseaux.

Nous devons encore remarquer que, si l'on considère sur la même surface de très grandes parties, il deviendra nécessaire de faire participer à sa courbure générale les surfaces par lesquelles on se proposera d'en exprimer les pentes : en effet, ces surfaces étant inclinées dans un même sens sur de très grandes longueurs, et faisant les mêmes angles avec des verticales dont la convergence deviendra sensible, seront nécessairement des surfaces courbes. Il est aisé de voir qu'elles seront à peu près, à l'égard des surfaces en général, ce que sont les spirales à l'égard des lignes. On pourra cependant en composer des polyèdres à faces courbes, qui conviendront pour représenter la surface du globe, lorsqu'on n'en voudra considérer que les plus amples inégalités; et l'on parviendra de la sorte au sphéroïde, par lequel on a coutume de représenter la forme la plus générale de la terre, et dont la surface a la propriété d'être constamment perpendiculaire aux directions de la pesanteur dans tous ses points : nous l'appellerons sphéroïde des mers, parcequ'en effet sa surface comprend celle des mers en faisant abstraction de leurs oscillations dues à l'action des corps célestes. Ce sphéroïde termine donc dans ce sens la série des polyèdres propres à l'expression des inégalités de la superficie terrestre.

Maintenant, puisque ces polyèdres ont pour limite commune et circonscrivent tous une même surface horizontale dans tous ses points, et qu'ils s'en éloignent successivement en devenant de plus simples plus composés, c'est une conséquence que, de proche en proche, dans cet ordre, chacune des faces de l'un quelconque d'entre eux correspond à plusieurs faces du polyèdre suivant, et que les faces des derniers polyèdres soient toujours plus inclinées à l'horizon que celles des polyèdres précédents. On a donc des plans de pente de divers ordres, selon les ordres des polyèdres auxquels ils appartiennent.

Les pentes des ordres supérieurs peuvent être appelées des pentes générales à l'égard des pentes des ordres inférieurs; réciproquement, celles-ci sont des pentes directes, inverses et latérales, selon les directions qu'elles ont à l'égard des pentes générales ; et d'après ce qui précède, il suffit d'imaginer le triangle formé par les directions de deux pentes opposées, contiguës à un même faîte ou à un même thalweg, et de la pente générale à laquelle l'une et l'autre se rapportent, pour apercevoir qu'entre les pentes d'un même ordre, rapportées à une même pente générale, les pentes inverses sont ordinairement les plus courtes.

Ces propriétés résultent uniquement de la considération progressive des polyèdres terrestres, et de la nature du sphéroïde dont nous avons vu qu'ils s'éloignaient successivement et par les degrés les plus rapprochés.

En outre, puisque la surface de la terre est entièrement composée, d'une part, de pentes alternatives, et, d'une autre part, des systèmes de ses chaînes ou de ses bassins, il s'ensuit que chaque chaîne ou chaque bassin se compose uniquement de deux pentes séparées par un faîte ou par un thalweg. Chacune des deux pentes appartenant à une chaîne ou à un bassin d'un ordre quelconque, sera donc entièrement composée des pentes alternatives d'une suite de chaîne, et de bassins de l'ordre immédiatement inférieur.

Or, si l'on considère l'une de ces deux pentes, on devra remarquer que les faîtes et les thalwegs secondaires entre lesquels se trouvent les pentes alternatives dont elle se compose, se rattachent latéralement au faîte et au thalweg principal qu'elle réunit; et comme la direction des pentes a toujours lieu de chaque faîte à chaque thalweg, il s'ensuit que ces pentes secondaires sont des pentes latérales par rapport à la pente principale proposée. Ainsi une pente d'un ordre quelconque est toujours composée d'une suite de pentes alternatives de l'ordre immédiatement inférieur, et qui sont latérales par rapport à elle; chacune de celles-ci est pareillement composée d'une suite de pentes alternatives de l'ordre immédiatement inférieur, qui sont latérales par rapport à elle-même, et qui se trouvent par conséquent des pentes directes et inverses à l'égard de la pente précédente. On retrouverait, en continuant, de nouvelles pentes latérales à l'égard de la même pente, et ainsi de suite.

Cette disposition, en quelque sorte symétrique, forme un nouveau caractère de la surface de la terre et de celle des polyèdres successifs qui la représentent.

Nous avons encore à considérer les rapports qui existent entre les faces des polyèdres et les arêtes qui terminent ces faces, entre celles de ces arêtes qui appartiennent à des angles saillants, et celles qui appartiennent à des angles rentrants, afin d'en conclure des rapports analogues entre les faîtes, les thalwegs et les plans de pente des diverses chaînes et bassins; cela sera facile d'après ce qui précède. Ces rapports se réduisent en effet, pour les polyèdres, à ce que les situations respectives des faces résultent de celles des arêtes, et réciproquement à ce que les inclinaisons des arêtes résultent de celles des faces. Ainsi, sur la surface de la terre, les pentes des deux revers d'une chaîne vers les thalwegs qui la terminent étant indiquées, ainsi que les pentes propres à ces thalwegs et leur position, la situation des plans qui forment ces revers est déterminée, et l'on en conclura celle du faîte qui en est la limite commune. Semblablement la pente du thalweg d'un bassin résultera des pentes supposées connues des deux faîtes qui le terminent, et des propres pentes latérales de ce bassin vers son thalweg.

En continuant cette marche, nous pourrions, de ces résultats sur les situations et les pentes générales des faîtes et des thalwegs, passer à d'autres sur les situations et les pentes de leurs parties ; mais nous ne nous étendrons pas davantage pour le moment sur les propriétés de la surface terrestre comparée à des polyèdres, et nous allons considérer de nouvelles surfaces géométriques propres à en exprimer d'une manière approchée toutes les inégalités.

En effet, ainsi que nous l'avons déjà observé, la représentation des pentes alternatives de la surface terrestre par des plans ou des surfaces spirales, non seulement a des limites qui en restreignent la possibilité, mais même lorsqu'elle est possible, est encore loin d'être rigoureuse. Dans la réalité actuelle, cette surface est une et continue, et le passage de l'une quelconque de ces pentes à la pente opposée n'est pas brusque en général, et se fait au contraire d'une manière insensible ; en sorte que si on la conçoit coupée par des plans verticaux, les lignes de sections seront des courbes continues à sinuosités alternatives, et dont les tangentes se trouveront horizontales dans les points où en même temps les hauteurs verticales seront des *maxima* ou des *minima*.

Or, il est évident qu'on peut attribuer plus ou moins d'amplitude aux sinuosités de la surface terrestre envisagée sous ce point de vue, ainsi qu'aux systèmes de lignes qu'on y concevra tracées, selon les ordres divers des chaînes ou des bassins dont on la regardera comme composée : on peut donc la représenter avec des degrés successifs d'approximation par des surfaces continues à sinuosités alternatives, comme nous l'avons fait par des polyèdres terminés par des faces faisant entre elles alternativement des angles saillants et rentrants. Les circonstances détermineront sur le choix de ces deux systèmes de représentation, et l'on se rappellera toutefois que, malgré que le dernier soit le plus rigoureux, ils sont établis l'un et l'autre sur l'observation fondamentale des pentes alternatives de la surface terrestre.

Au surplus les différentes parties de ces nouvelles surfaces successives, comparées entre elles, ont les mêmes dispositions que les faces des polyèdres que nous avons considérées. Nous rappelant donc ce que nous avons dit à l'égard de ces polyèdres, et revenant aux propriétés des faîtes et des thalwegs, nous observons que la direction générale d'un faîte quelconque, par exemple, traverse à peu près à angles droits les pentes principales des deux revers que ce faîte sépare : il doit donc, dans beaucoup de cas, participer aux pentes latérales alternatives de ces deux revers; cela n'est pas nécessaire cependant, et il peut, en faisant divers contours, parcourir les plans de ces pentes alternatives, et en couper les faîtes et les thalwegs sans alterner dans le même sens ses propres pentes; il pourra même les alterner dans un sens opposé. Selon les divers accidents du terrain, les faîtes forment donc des courbes sinueuses dans divers sens; en sorte que leurs projections horizontales et verticales forment aussi des courbes sinueuses offrant des arcs alternatifs.

Nous entendons ici par projections horizontales, les projections faites par des lignes verticales sur une surface parallèle au sphéroïde des mers; et par projections verticales, les projections faites par les lignes les plus courtes parallèles au même sphéroïde, sur une surface composée de verticales, et ayant pour trace sur ce sphéroïde une ligne dont la longueur est un *minimum*.

Si donc on considère les projections verticales des faîtes, on aperçoit, indépendamment des pentes générales qu'ils peuvent avoir dans la totalité de leurs longueurs, des pentes alternatives correspondantes ou non aux pentes alternatives des revers qu'ils séparent, et qui se terminent insensiblement aux points de ces faîtes où leurs tangentes devenant horizontales, leurs hauteurs verticales peuvent être des *maxima* ou des *minima*.

Ces pentes sont de divers ordres, comme toutes celles que nous avons considérées jusqu'à présent; on doit seulement observer à cet égard que les pentes propres à des faîtes ne pouvant être latérales les unes à l'égard des autres, leurs ordres successifs, comparés à ceux des pentes des surfaces dont elles font partie, ne peuvent procéder au plus que de deux en deux. Les mêmes rapports existent entre les arcs, dont chacun se compose de deux de ces pentes; et les différences entre les plus grandes et les plus petites de leurs hauteurs deviennent d'autant moindres qu'ils ont moins d'amplitude, et qu'ils vont s'éloignant des premiers ordres. Ces propriétés des faîtes sont évidemment communes aux thalwegs.

Maintenant, pour obtenir les points les plus élevés ou les plus bas des arcs que forment les thalwegs et les faîtes, proposons-nous immédiatement de déterminer les points de la surface terrestre dont les hauteurs sont des *maxima* ou des *minima ;* et d'abord, pour fixer nos idées, ne considérons que les plus amples sinuosités de la surface terrestre, celles, par exemple, que présentent les chaînes ou les bassins des premiers ordres conçus terminés aux thalwegs ou aux faîtes qui les circonscrivent. Nous remarquerons que sur cette surface les courbes perpendiculaires aux faîtes ou aux thalwegs, ont dans leurs points de rencontre avec les unes et les autres de ces lignes des tangentes horizontales ; ainsi, dans les points de rencontre mutuelle des faîtes et des thalwegs, les courbes qui leur sont respectivement perpendiculaires se rencontrant également, le plan tangent à la surface qui devra passer par les tangentes horizontales de ces dernières courbes sera nécessairement horizontal. Les points où les hauteurs de la surface terrestre peuvent être des *maxima* ou des *minima*, sont donc déterminés par les rencontres mutuelles des faîtes et des thalwegs, en concevant que les faîtes ou thalwegs qui se rattachent à un même point d'un thalweg ou d'un faîte de l'ordre supérieur, forment une ligne continue qui coupe celle du faîte ou du thalweg principal.

Ensuite, si, de part et d'autre de chacune de ces lignes de thalwegs ou de faîtes, on suppose tracées des lignes A et A', B et B', qui leur soient parallèles : 1° ou ces dernières lignes seront toutes convexes et la surface sera entièrement convexe, sa hauteur au point de rencontre que l'on considère sera donc un *maximum absolu ;* 2° ou elles seront toutes concaves, et la surface sera entièrement concave, sa hauteur au point proposé sera donc un *minimum absolu ;* 3° ou deux d'entre elles A et A', par exemple, seront convexes, B et B' étant concaves, et la surface sera en partie convexe et en partie concave ; sa hauteur au point proposé sera donc un *maximum* ou un *minimum relatif.* Il peut encore s'offrir d'autres cas moins importants (1), tels que ceux où les lignes A et A' étant toutes deux convexes ou concaves, des deux lignes B et B', l'une est convexe, l'autre est concave ; la surface alors a dans le point proposé une de ses courbures nulle, ou, ce qui revient au même, une inflexion horizontale. Il est facile de voir que ces différents cas auront lieu respectivement, lorsqu'à un même point d'un faîte ou d'un thalweg d'un ordre quelconque se rattacheront, et toujours latéralement, deux

(1) Voyez la note 3.

faîtes ou deux thalwegs de l'ordre immédiatement inférieur, que l'on pourra concevoir former une ligne continue : c'est à savoir le premier cas, lorsqu'à un faîte se rattacheront deux faîtes secondaires ; le deuxième cas, lorsqu'à un thalweg se rattacheront deux thalwegs secondaires ; le troisième cas, qui est unique, quoiqu'il puisse se présenter de deux manières différentes, lorsqu'à un faîte se rattacheront deux thalwegs secondaires, ou à un thalweg deux faîtes secondaires ; les autres cas enfin auront lieu, lorsqu'à un faîte ou à un thalweg se rattacheront un faîte et un thalweg secondaires : ces dernières combinaisons ne peuvent se rapporter qu'aux points extrêmes des sinuosités que présentent les projections horizontales des faîtes ou des thalwegs proposés ; mais, dans la rigueur géométrique, elles n'arriveront que rarement, l'inflexion horizontale n'étant qu'un cas particulier par rapport aux autres cas de *maximum*.

Les points de la surface de la terre, dont les hauteurs sont des *maxima* ou des *minima*, étant ainsi déterminés par les rencontres mutuelles des thalwegs et des faîtes, ces mêmes points se trouvent immédiatement ceux où les hauteurs de ces lignes sont des *maxima* ou des *minima*.

Jusqu'à présent nous n'avons considéré sur chacune des surfaces à sinuosités alternatives par lesquelles nous avons représenté la surface de la terre, qu'un petit nombre de lignes remarquables. Pour définir complètement l'une quelconque de ces surfaces, nous devons y considérer un système de lignes dont elles puissent se composer entièrement. Parmi celles qu'on pourrait adopter, nous choisirons les lignes de plus grande pente, comme se rapportant plus directement à notre objet. Le caractère de ces lignes est d'être constamment perpendiculaires aux courbes horizontales que l'on pourrait tracer par leurs différents points sur la surface proposée. On formera donc de la sorte deux systèmes de lignes perpendiculairement trajectoires les unes aux autres ; en sorte que, quand un des systèmes sera donné, l'autre s'ensuivra nécessairement. On obtiendra les courbes horizontales, en concevant la surface proposée coupée par des surfaces horizontales ou parallèles au sphéroïde des mers ; les lignes de section seront évidemment des courbes à sinuosités alternatives ; et l'une d'elles, par exemple, est la ligne des côtes maritimes.

Les lignes de sections horizontales ne pouvant jamais se rencontrer, les lignes de plus grande pente, qui en sont les trajectoires perpendiculaires, ne peuvent pas non plus, en général, se rencontrer; en effet, soient supposées d'abord à des distances finies les lignes horizontales données, ces lignes étant tracées sur une certaine surface, et liées entre elles par une loi de continuité. Si, par un point quelconque de l'une d'elles, on conçoit une ligne polygonale formée de la suite des plus courtes perpendiculaires à ces lignes consécutives, cette ligne, en général, doit être unique; et comme cette propriété a lieu, quelque petites que soient les distances qui séparent les courbes horizontales, elle aura lieu encore lorsque ces courbes étant multipliées à l'infini, et leur distance nulle, la ligne polygonale deviendra une ligne de plus grande pente; les lignes de plus grande pente ne peuvent donc avoir, en général, de points communs.

Parmi ces lignes, on doit comprendre les faîtes et les thalwegs. En effet, d'après ce qu'on a vu, si l'on fait perpendiculairement à un faîte ou à un thalweg, une section dans la surface, cette section a dans ce point sa tangente horizontale, et les lignes de faîte ou de thalweg, toujours perpendiculaires à ces tangentes, sont des lignes de plus grande pente. On voit qu'elles sont les limites entre les deux systèmes des lignes de plus grande pente, situées sur l'une et l'autre des deux pentes alternatives qu'elles séparent.

Quoique les lignes de plus grande pente ne puissent avoir, en général, de points communs, elles peuvent cependant se rencontrer dans les points singuliers de la surface. En effet: 1° lorsque la hauteur de la surface est un *maximum* ou un *minimum* absolu, la ligne de section horizontale, qui, un peu plus bas ou un peu plus haut, était une courbe fermée, se réduit à un point; et une infinité de lignes de plus grande pente peuvent partir de ce point dans toutes les directions. Parmi ces lignes, on doit remarquer les deux lignes de faîte, ou les deux lignes de thalweg, qui se rencontrent et se croisent dans les points proposés.

2° Lorsque la hauteur de la surface est un *maximum* ou un *minimum* relatif, la courbe horizontale qui, un peu plus haut ou un peu plus bas, était formée de deux branches opposées aux sommets, obtient par le rapprochement de ces sommets un point double, duquel partent deux lignes de plus grande pente qui se croisent en ce point; et ces deux lignes sont la ligne de faîte et celle de thalweg, dont nous avons vu que la rencontre déterminait ce même point.

3° Dans les points où la surface a des inflexions horizontales, les lignes de section horizontale prennent une forme qui se compose de l'une et de l'autre de celles que nous avons décrites dans les cas précédents, et les lignes de plus grande pente suivent, en conséquence de cette forme, des directions diversement multiples qu'il est aisé de se représenter. Parmi ces lignes on doit encore distinguer les faîtes et les thalwegs qui se rencontrent dans ces points d'inflexion.

L'étude des lignes que nous venons de considérer, se lie entièrement à celle du cours des eaux sur la surface de la terre. En effet, les eaux se partagent sur les faîtes des chaînes de montagnes, coulent sur leurs revers, en suivant les lignes de plus grande pente, et vont se réunir dans les thalwegs. L'observation complète du cours des eaux ferait donc connaître exactement, non seulement les thalwegs de tous les bassins, mais encore les lignes de plus grande pente, et même jusqu'aux faîtes de toutes les chaînes de montagnes; et, comme nous l'avons vu, le système de toutes ces lignes définit rigoureusement la surface terrestre, et la compose entièrement.

Pour rendre utiles ces derniers résultats, après avoir exprimé géométriquement la nature et les propriétés de la surface de la terre, il nous reste à en obtenir la représentation graphique la plus convenable, et ensuite à indiquer l'usage de cartes faites d'après les méthodes descriptives employées généralement. Toute méthode pour représenter une surface se réduit, en général, à faire les projections d'un système quelconque de lignes qui la définissent. Nous pourrons donc représenter la surface de la terre par les projections des lignes de section horizontale, ou par celles des lignes de plus grande pente que nous avons précédemment considérées. Ces deux systèmes de lignes ont l'avantage de se succéder suivant des lois simples et faciles à saisir, et elles conservent en outre, dans leurs projections horizontales, la propriété qu'elles ont sur la surface à laquelle elles appartiennent, d'être réciproquement des trajectoires perpendiculaires les unes aux autres; en sorte que la projection d'un des deux systèmes étant donnée, la projection de l'autre s'ensuivrait rigoureusement. La considération de ces deux systèmes de lignes a fourni, en effet, les éléments des diverses méthodes descriptives employées avec plus ou moins d'intelligence dans les cartes topographiques, et qui se réduisent à tracer leurs projections horizontales ensemble ou séparément.

Lorsque l'on considère les lignes de section horizontale seules, et que l'on conçoit les sections faites à des intervalles égaux et connus, leurs projections ont l'avantage de peindre à l'œil et d'exprimer exactement les contours et le relief du terrain. Les projections des lignes de plus grande pente offrent aussi le figuré du terrain; et prolongées dans toute leur étendue, elles approchent tellement des projections des faîtes et des thalwegs, qu'elles peuvent en quelque sorte les tracer. Si même, malgré que cela ne soit pas rigoureusement exact, on admet que les eaux se partagent sur les lignes géométriques qui forment les faîtes, et se réunissent pareillement dans les lignes géométriques qui forment les thalwegs, les courbes de plus grande pente, considérées de part et d'autre d'un faîte ou d'un thalweg, se rencontreront deux à deux sur ces lignes principales, et dans leurs points de rencontre elles devront être tangentes entre elles, pour ne pas cesser d'être perpendiculaires à la courbe continue de section horizontale : le faîte ou le thalweg qui les sépare devra donc aussi leur être tangent; ainsi, chaque faîte ou chaque thalweg sera tangent aux deux systèmes de lignes de plus grande pente qu'il sépare, et en sera généralement la courbe enveloppe. Dans ce cas, l'ensemble de ces lignes le déterminerait entièrement.

Non seulement ces considérations offrent les moyens de représenter avec exactitude, dans les cartes topographiques, un terrain de peu d'étendue; elles sont susceptibles de s'appliquer encore aux grandes cartes géographiques. En effet, par un système d'opérations parallèles à celles que l'on est obligé de faire pour déterminer les projections horizontales des points principaux de la surface terrestre, on pourrait obtenir les hauteurs verticales de ces points, et en les supposant convenablement choisis, l'ensemble de ces deux systèmes d'opérations définirait assez complètement la surface terrestre; en sorte qu'on en pourrait conclure non seulement les projections horizontales des thalwegs et des faîtes, mais encore celles d'un nombre quelconque de courbes de section horizontale, rencontrant à des hauteurs connues les premières lignes : il conviendrait évidemment que les points que doivent déterminer ces opérations appartinssent immédiatement à des faîtes ou à des thalwegs. On aurait ainsi une représentation assez complète du sol terrestre, dont les cartes ordinaires ne donnent que les simples projections horizontales. Telles sont les principales méthodes de description graphique qui résultent des définitions de la surface terrestre que nous avons précédemment données.

Mais dans la plupart des cartes actuelles, les lignes de section horizontale, ni en général celles de plus grande pente, ne sont dessinées; elles ne donnent point les projections des faîtes; et les projections même des thalwegs indiqués sur le terrain par le cours des eaux, ne s'y trouvent tracées que jusqu'à quelque distance des faîtes. N'ayant donc pour conclure la configuration du sol terrestre que la description incomplète du cours des eaux, on ne peut parvenir à cet égard qu'à des résultats dépourvus de précision; et ces résultats doivent se borner à la détermination approximative des parties de thalwegs non indiquées par le tracé des cours d'eau, et à celles des faîtes et de leurs points principaux que nous avons besoin de considérer. Les mêmes données peuvent conduire encore à reconnaître le sens, mais non à estimer la quantité des pentes de ces principales lignes.

Les cartes dont il s'agit doivent cependant guider dans la conception générale d'un projet de navigation et dans la détermination approchée des points les plus importants de son tracé. En effet, ce n'est pas sur le terrain que ces premières idées peuvent être aperçues : la vue est trop faible et s'y trouve trop resserrée pour embrasser à la fois le relief d'une grande étendue de pays, et l'on risque de négliger les formes principales pour ne s'attacher qu'aux accidents secondaires de la contrée qu'on a devant les yeux. Il est donc utile, sous ce rapport, d'exposer l'usage des cartes, telles qu'elles sont le plus souvent dessinées, sans renoncer aux avantages qu'offrirait une représentation plus exacte du terrain, ou mieux encore l'étude même des localités, pour fixer en détail et d'une manière précise les résultats vers lesquels on aura été dirigé par les cartes ordinaires.

Cela posé, le cours des eaux dans les ruisseaux, les rivières et les fleuves, ou leur stagnation dans les lacs et les mers, exprime, comme nous l'avons remarqué, les parties inférieures des thalwegs; et l'on peut compléter leur tracé, soit en prolongeant ces parties suivant leur loi indiquée, soit en considérant qu'ils occupent le fond de bassins dont les pentes latérales sont déterminées par des thalwegs connus d'un ordre inférieur.

On peut déduire également des mêmes données les projections horizontales des faîtes et celles de leurs points principaux déterminés par leurs rencontres, soit entre eux, soit avec des thalwegs, et le sens des inclinaisons de ces lignes. En effet les faîtes des chaînes continentales séparent les sources des fleuves affluents des mers opposées; de même les faîtes des chaînes secondaires séparent les sources des affluents des fleuves, et ainsi des autres. Les projections horizontales des faîtes, et toutes les sinuosités de ces projections sont donc faciles à déterminer lorsque l'on connaît le cours des eaux. De plus nous avons vu que les inclinaisons générales des faîtes résultent des pentes déterminées par les thalwegs de même ordre qu'ils séparent, et ces pentes sont indiquées par le cours des eaux qui suivent ces thalwegs. Ainsi les faîtes de chaînes continentales n'ont point de pentes générales, puisqu'ils séparent des mers dont les eaux n'ont pas de cours; les faîtes des chaînes secondaires participent aux pentes générales indiquées par les fleuves parallèles affluents des mers, et ainsi de suite. Enfin, puisque les projections horizontales de tous les thalwegs et de tous les faîtes peuvent être tracées, les points ou les faîtes principaux se trouvent rencontrés à la fois par deux faîtes secondaires opposés, ou par deux thalwegs, ou par un faîte et un thalweg, sont évidemment indiqués, et l'on a tout ce qu'il faut pour conclure le sens de leurs pentes alternatives. L'on voit en outre, que ces divers résultats s'obtiendront avec d'autant plus de précision, que les cartes dont on fera usage indiqueront un plus grand nombre de thalwegs des ordres les moins élevés.

Au reste, il nous importe principalement de connaître les points des faîtes dont les hauteurs verticales sont des *minima*, et on peut les obtenir immédiatement, d'après les différentes considérations qui ont précédé. Il nous suffira de rechercher ces points dans les arcs les plus amples dont puissent se composer les faîtes principaux, et la même marche s'appliquera facilement aux faîtes et aux arcs des ordres inférieurs.

Les cours de deux fleuves comparés entre eux et au faîte qui les sépare, en considérant les cas extrêmes, peuvent être opposés ou parallèles. S'ils sont opposés, leurs thalvvegs, prolongés jusqu'à ce faîte, le rencontrent sensiblement en un même point, qui se trouve de la sorte déterminé; et, d'après ce qu'on a vu précédemment, la hauteur du faîte en ce point est un *minimum*. Si les cours des deux fleuves proposés sont parallèles, ils peuvent être dirigés dans le même sens ou en sens contraire : s'ils sont dirigés dans le même sens, le faîte, comme nous l'avons vu, participe à leur pente commune. Les *minima* de ces hauteurs n'appartiennent alors qu'à des arcs d'un ordre secondaire, et doivent être déterminés par des affluents des fleuves proposés : s'ils sont dirigés en sens contraire, la pente du faîte qui les sépare paraît indéterminée, et l'on ne peut reconnaître, comme dans le cas précédent, les *minima* de ces hauteurs qu'au moyen des affluents. Cependant si l'on remarque que les cours d'eau sont plus rapides vers les sources que vers les embouchures, on peut apercevoir, *à priori*, que le faîte a deux pentes alternatives, correspondantes aux pentes opposées des deux fleuves, et qu'il doit former d'une source à l'autre un arc susceptible de *minimum*. La considération des affluents donnerait ensuite les moyens de fixer avec plus de précision les points du faîte auxquels appartiennent les moindres hauteurs. On peut rapporter à ces cas principaux tous ceux dans lesquels les cours des fleuves sont en partie parallèles et en partie opposés. On devra en effet prolonger les parties divergentes de ces fleuves jusqu'à ce qu'elles se rencontrent sur le faîte intermédiaire, et elles y détermineront un point de *minimum*.

Faisons une application de cette théorie. Le continent de l'Europe se sépare en deux pentes, dont l'une verse ses eaux dans la mer Baltique et dans l'Océan, et l'autre dans la mer Noire et la Méditerranée; cette division est déterminée par un faîte principal, qui, après avoir traversé l'Asie de l'est à l'ouest, entre en Europe aux sources du Puzora et d'un des affluents du Wolga, traverse la Russie, la Pologne, la Bohême et toute l'Allemagne, et vient sur les Alpes après avoir passé au-dessus des sources du Danube; de là, séparant les bassins du Rhin et du Rhône, ce faîte vient sur le Jura et sur les Vosges; il descend des Vosges, en continuant de circonscrire le bassin du Rhône, qu'il sépare de ceux de la Seine et de la Loire, se rend aux Cévennes, et de là passe sur les Pyrénées; après quoi il traverse l'Espagne et va se terminer à Gibraltar, ou plutôt il passe sous la mer pour se rattacher à l'Afrique. Nous venons de nommer les points les plus élevés de cette ligne, depuis les Alpes jusqu'aux Pyrénées, et ils sont évidemment indiqués, parceque là naissent des rivières dont les pentes latérales déterminent des faîtes secondaires, qui se rattachent de part et d'autre en un même point du faîte principal. Les points les plus bas sont également faciles à reconnaître. En effet, l'Aar, affluent du Rhin, d'une part, et le Rhône, de l'autre, divergent dans des directions parallèles au Jura. Les thalwegs indiqués par cette partie de leurs cours étant prolongés, doivent donc se rencontrer en un même point du faîte principal. Ces prolongements sont indiqués pour l'Aar par l'Orbe, et les lacs de Bienne et de Neufchâtel; et pour le Rhône par la Véroge, affluent du lac Léman. Les pentes latérales vers ces thalwegs sont d'ailleurs indiquées par les parties supérieures et parallèles de leurs cours, et par les torrents qui viennent du Jura. Le faîte principal descend ensuite du Jura pour remonter sur les Vosges; relativement à cette partie, l'Ill, affluent du Rhin, et le Doubs, affluent de la Saône et du Rhône, prennent des cours entièrement divergents, et leurs thalwegs prolongés se rencontrent en un même point du faîte à l'est de Béfort, dans le département du Haut-Rhin. Les parties inférieures des cours de la Largue, affluent de l'Ill, et de l'Halène, affluent du Doubs, appartiennent à ces thalwegs, et les parties supérieures des cours de ces rivières d'une part, et de la Savoureuse et de la Dolleren de l'autre, indiquent les pentes latérales vers ces mêmes thalwegs. Le point du faîte, dont la hauteur est un *minimum*, est donc déterminé dans cette partie. Entre les Vosges et les Cévennes, les cours de la Saône et du Rhône, d'une part, et celui de la Loire, de l'autre, suivent en sens contraires des directions peu divergentes d'abord, et ensuite parallèles; entre la source de la Saône et celle de la Loire, il doit donc y avoir un point dont la hauteur soit un *minimum*, et il faudrait déterminer ce point par la considération des affluents de ces fleuves dont les thalwegs seraient opposés : or, il est immédiatement indiqué aux étangs de Longpendu, dont les eaux se partagent en effet et se rendent à ces fleuves par des cours opposés. Entre les Cévennes et les Pyrénées enfin, le faîte s'abaisse encore, les parties inférieures des cours de la Garonne et de l'Aude divergent, et leurs thalwegs se prolongent, savoir : celui de la Garonne par le Lers, et celui de l'Aude par le Fresquel jusqu'à Naurouse, où ils se rencontrent sur le faîte; les pentes latérales vers ces thalwegs sont indiquées par les parties supérieures des cours de la Garonne et de l'Aude, qui viennent des Pyrénées, et par les affluents secondaires, qui viennent de la montagne Noire et de l'appendice qui continue à séparer le Tarn de la Garonne.

Dans le premier de ces points, on a projeté depuis long-temps d'établir une communication entre le Rhin et le Rhône par le lac de Neufchâtel et le lac Léman; par le second, doit passer le canal projeté, qui réunira encore le Rhin au Rhône, par l'Ill et le Doubs; par le troisième, passe déjà le canal de Digoin; et par le dernier enfin, passe le canal du Midi.

Pour la détermination de ces points, nous avons supposé que l'on avait sous les yeux une carte présentant seulement les thalwegs, suivis par des cours d'eau assez considérables. Une carte qui eût offert le tracé d'un plus grand nombre de thalwegs nous eût donné lieu de fixer ces mêmes résultats avec plus de précision; enfin, nous nous sommes borné à la recherche de ces points principaux : nous eussions pu semblablement déterminer ceux analogues dus à des sinuosités secondaires, et en général, considérer les détails dans ces applications, comme nous l'avons fait, ou comme nous l'avons pu faire dans la théorie qui a précédé.

Nous devons maintenant chercher à déduire des principes précédents les conséquences les plus importantes à la théorie des canaux.

Lorsque l'on projette un canal, les points auxquels il doit conduire, et quelques uns des points par lesquels il doit passer, sont en général indiqués par les besoins du commerce : on prend donc ces points comme des données immédiates, et l'on se borne à déterminer dans chacune de ses parties la ligne qui doit les réunir.

Considérés deux à deux, ils peuvent être situés dans le même bassin, en sorte que de l'un à l'autre il y ait une pente unique; ou bien, ils peuvent être situés dans des bassins différents, et séparés par un faîte, en sorte que de l'un à l'autre il y ait deux pentes alternatives : mais ces deux cas, qui peuvent se rencontrer pour chacune des parties de la longueur du canal, se rapportent à ceux que nous avons considérés pour les canaux en général, et qui nous les ont fait distinguer en canaux de dérivation et en canaux à point de partage, et nous nous sommes fixé à ces derniers. Embrassant donc la longueur totale du canal proposé, nous supposerons qu'il doive être uniquement composé de deux branches situées dans deux bassins principaux opposés, et nous chercherons à déterminer d'abord son point de partage sur le faîte qui sépare ces bassins, puis les lignes que devront suivre les branches de part et d'autre de ce point.

Le point de partage, comme nous l'avons déjà dit, doit être tel qu'on puisse y amener des eaux recueillies dans les parties supérieures du terrain, en quantité suffisante pour les besoins de la navigation ; et il est évident que la quantité des eaux qu'il sera possible de faire arriver à ce point sera d'autant plus grande qu'il se trouvera plus bas sur le faîte auquel il doit appartenir. On serait donc conduit par cette seule considération à le fixer au point le plus bas d'un des arcs les plus amples dont on puisse concevoir le faîte composé, ou, ce qui revient au même, en un point de la surface du terrain, dont la hauteur fût un *maximum* ou un *minimum* relatif, en n'ayant égard qu'aux plus grandes sinuosités de cette surface : mais en le déterminant ainsi, on remplira en même temps plusieurs autres conditions importantes. D'abord la hauteur des écluses étant fixée d'ailleurs, leur nombre se trouvera le moindre possible, ce qui diminuera les frais de construction, et augmentera la célérité de la navigation ; en second lieu, les mêmes avantages seront encore obtenus, en ce que les points de la surface du terrain dont les hauteurs sont des *maxima* ou des *minima* relatifs, devant être déterminés par la rencontre de deux thalwegs opposés sur un faîte, les deux branches de canal qui s'éloigneront peu de deux semblables thalwegs, seront à peu près en ligne droite, abstraction faite des sinuosités secondaires ; en sorte que la somme de leurs longueurs, qui forme la longueur totale du canal, sera la moindre possible : les frais de construction et la durée de la navigation sont donc encore diminués sous ce point de vue. Enfin, puisque l'on n'a égard qu'aux plus grandes sinuosités de la surface du terrain, la fixation du point de partage se trouvera déterminée par les thalwegs des affluents principaux des mers ou des fleuves auxquels le canal doit conduire. Les deux branches suivront donc, en général, le vallées les plus peuplées, et passeront par les villes les plus commerçantes : le plus souvent il remplira ainsi, le mieux possible, son objet économique.

La fixation du point de partage du canal, en un point de la surface du terrain dont la hauteur est un *maximum* ou un *minimum* relatif, semble donc réunir tous les avantages, la facilité et la célérité de la navigation, l'économie de la construction, enfin la direction de ses branches de la manière la plus favorable au commerce. C'est à quoi peuvent définitivement se réduire les conditions auxquelles il doit satisfaire. Quelques uns, dans certains cas, pourraient ne point exiger que la hauteur du point de partage fût un *minimum* : mais leur ensemble conduira le plus souvent à ce résultat. Au surplus, les circonstances locales détermineront auxquelles de ces conditions il conviendra d'attacher une importance prééminente, et quelles seront celles qu'il sera possible ou nécessaire de ne pas remplir complètement (1).

Le premier objet à se proposer est donc de chercher, entre les deux bassins que l'on a en vue de réunir, le point de *minimum* du faîte, ou, ce qui revient au même, le point de *maximum* ou de *minimum* relatif de la surface terrestre. Les considérations que nous avons exposées précédemment fournissent les moyens de résoudre ce problème d'une manière approchée, d'après l'étude des cartes qui représentent les cours d'eau de l'un et de l'autre de ces bassins. Pour l'arrêter ensuite d'une manière précise, on observe sur le terrain même les moindres cours d'eau, on juge à l'œil les lignes de pente, et l'on trace le faîte ; puis on détermine, en s'aidant de quelques opérations de nivellement, les pentes alternatives de cette dernière ligne, et le point de partage se trouve ainsi fixé, autant qu'il est possible et nécessaire qu'il le soit, sur une

---

(1) Nous faisons totalement abstraction, dans ces recherches, des canaux souterrains : leur tracé ne dépend que très peu de la forme des pays qu'ils traversent ; c'est la nature du sol qu'on doit surtout considérer pour des canaux de ce genre, et on ne peut, en effet, les tenter que lorsque le terrain permet que l'on pratique, sans trop de frais et de dangers, ces grandes excavations.

ligne courbe, qui dans ce point se confond avec sa tangente horizontale.

Dès que le point de partage est fixé, la direction générale des deux branches du canal en résulte immédiatement, puisqu'elles doivent suivre des vallées dont les thalwegs se réunissent en ce point, et côtoyer en général ces thalwegs, en se tenant toutefois à l'abri des inondations que les cours d'eau qu'ils reçoivent peuvent occasioner. Il s'agit de déterminer sur laquelle des deux pentes de chaque vallée l'une et l'autre des deux branches seront tracées. La solution de cette question dépend d'un grand nombre d'accidents du terrain qu'il est impossible de prévoir ici. Il nous suffira de remarquer que si l'on compare les deux pentes latérales de chaque vallée à une pente plus générale, par rapport à laquelle l'une soit directe et l'autre inverse, ce sera le plus souvent sur cette dernière qu'il conviendra préférablement de diriger et de soutenir le canal. En effet, des deux pentes dont il s'agit, la pente inverse sera généralement la plus courte et terminée par le faîte le moins élevé : il s'y formera par conséquent moins de sources; elle recevra moins d'eaux pluviales, et sera sillonnée par des cours d'eau secondaires moins considérables : les ponts-aqueducs, ou les autres ouvrages à construire pour faire traverser au canal ces cours d'eau, seront moins dispendieux, et les biefs horizontaux assujettis à de moins grandes sinuosités. Il arrivera pourtant beaucoup de cas dans lesquels il sera nécessaire de s'écarter de cette règle.

Pour compléter l'étude des rapports qui lient le projet d'un canal à la forme des pays qu'il doit traverser, il nous reste maintenant à considérer le tracé des rigoles destinées à conduire au point de partage les eaux nécessaires aux besoins de la navigation. La consommation d'eau d'un canal peut être rapportée à plusieurs causes principales; le passage des barques par les écluses, le remplissage des biefs que l'on a vidés pour les nettoyer, l'évaporation qui a lieu à la surface d'un canal, l'infiltration à travers les terres dans lesquelles il est creusé, et les filtrations fréquentes à travers les portes des écluses. Les eaux nécessaires pour remplacer celles qu'enlèvent l'évaporation, l'infiltration, et même le remplissage d'une partie des biefs inférieurs, peuvent dans beaucoup de cas être fournies par des prises d'eau diverses, faites dans l'étendue de la longueur des branches du canal; mais la dépense qu'exige l'entretien de la navigation doit généralement être faite au point le plus élevé. Nous n'entreprendrons pas ici le calcul de la consommation d'eau qu'exige le point de partage d'un canal, nous la regarderons comme une donnée, et nous chercherons les moyens d'y satisfaire.

C'est ici le lieu de se rappeler les considérations faites précédemment sur la forme que présente le terrain dans l'espace qui environne le point de partage fixé, comme il a été dit, à l'un des points de *maximum* ou *minimum* relatif de la surface terrestre. Que l'on conçoive sur cette surface une ligne horizontale passant par ce point: elle présentera quatre branches placées chacune dans l'un des quatre espaces angulaires formés par les lignes de thalwegs et de faîtes, dont la rencontre détermine le point de partage. Ces branches, considérées deux à deux de part et d'autre de la ligne des deux thalwegs, viennent, après un nombre quelconque de sinuosités, se réunir sur le faîte, en circonscrivant toute l'étendue de terrain dont les eaux pourraient, physiquement parlant, être amenées au point de partage : mais il est évident qu'il suffit de les prolonger jusqu'à ce qu'elles aient rencontré des cours d'eau assez abondants, pour que leur dérivation fournisse complètement aux besoins du canal. On voit que les rigoles partant du point de partage doivent se tenir au-dessus des branches de cette ligne, dont il est utile en conséquence dans un premier aperçu de conjecturer le tracé.

On remarquera d'abord que les deux pentes alternatives du faîte, de part et d'autre du point de partage, étant nécessairement secondaires par rapport à celles des deux thalwegs qui viennent s'y réunir, sont généralement plus considérables; ou, ce qui revient au même, que la courbure concave de l'arc formé par le faîte est plus grande que la courbure convexe de l'arc formé par la réunion des deux thalwegs ; et de là on peut conclure généralement qu'en partant de ce point, les premières tangentes à chacune des quatre branches de la ligne horizontale diviseront chacun des quatre angles droits formés par les tangentes aux lignes de faîtes et de thalwegs, en deux angles inégaux, dont le plus petit sera du côté du thalweg, et dont on pourrait calculer les valeurs, si l'on connaissait les rayons de courbure des lignes de thalwegs et de faîtes, qui sont elles-mêmes, dans le point que l'on considère, les lignes de courbure principale de la surface. Or, si à ces quatre premières tangentes qui divisent inégalement les angles droits, on en substitue d'autres qui divisent les mêmes angles en parties égales; si, de plus, on conçoit une courbe formée de quatre nouvelles branches correspondantes à ces nouvelles tangentes, et que l'on en continue la description, en la considérant comme une courbe horizontale, c'est-à-dire, en l'assujettissant à la condition de rester constamment perpendiculaire aux lignes de pente qu'elle traverse, ses branches à leur origine se tiendront supérieures à celle de la courbe horizontale qui passe par le point de partage, et par conséquent elles leur seront supérieures dans tout leur développement. Le tracé de ces lignes peut donc être considéré comme une première limite approchée de la superficie de terrain sur laquelle on doit prendre les eaux nécessaires pour alimenter le point de partage.

En général, une seule rigole doit aller recueillir les divers cours d'eau appartenants à chacun des quatre espaces angulaires que nous venons de considérer, en coupant successivement les thalwegs dans lesquels ces cours d'eau sont réunis, et les faîtes qui les séparent. Pour fixer avec précision les points de rencontre de la rigole avec les thalwegs et les faîtes, l'on établit un système complet de nivellement sur ces lignes, de manière à comparer les hauteurs de leurs différents points, soit entre elles, soit avec la hauteur du bief de partage. L'on fixe alors ces points de rencontre, en jugeant de la longueur du développement de rigole qui en résultera, et de la pente qu'il convient de conserver pour le mouvement des eaux que l'on se propose de recevoir. Il faut observer qu'en général il est avantageux que cette pente soit la moindre possible, afin que la rigole rencontre les différents cours d'eau à une plus grande distance de leurs sources, et qu'elle y trouve une plus grande quantité d'eau. Cependant il n'est pas indispensable que la pente soit uniforme; on peut réserver des chutes sur la longueur de la rigole, et souvent même il convient de le faire, lorsque, d'une part, dans la vue de diminuer sa longueur, et d'une autre part, ne craignant pas de manquer d'eau, on établit ses points de rencontre avec un ou plusieurs des thalwegs que l'on considère, assez haut pour que la rigole puisse être conduite du bassin d'un des cours d'eau, dans le bassin du cours d'eau voisin, en passant par un point de *minimum* du faîte intermédiaire.

Nous n'avons considéré qu'un seul des quatre espaces angulaires contigus au point de partage. En considérant ensemble les deux côtés d'une même partie du faîte principal, il peut quelquefois être convenable de conduire les eaux prises sur l'un de ces espaces dans le bassin de l'un des cours d'eau qui appartiennent à l'autre. Le canal du Midi offre un exemple très remarquable d'un tracé de ce genre; les eaux de divers affluents du Fresquel, recueillies par la rigole de la montagne, traversent le faîte principal, et sont jetées dans le vallon du Laudot et du Sor; de là, réunies aux eaux de la rigole de la plaine, elles traversent une seconde fois le faîte principal pour être conduites à Naurouse (1). On sent bien que nous ne pouvons énoncer de règles générales à cet égard; mais la vue du terrain et l'étude de ses formes, dirigées par les principes que nous avons exposés précédemment, conduiront à connaître les différents systèmes de rigoles possibles, et feront juger quel est celui qui doit être préféré. Nous terminerons ces considérations générales par l'observation suivante, qui quelquefois a été peut-être un peu perdue de vue : les rigoles sont des canaux de petites dimensions, dans lesquels les eaux sont abandonnées à des pentes quelconques, et les ouvrages accessoires qu'elles exigent sont, pour la plupart, peu dispendieux, du moins relativement aux frais qu'entraînent ordinairement les grands travaux publics; lors donc que le point de partage aura été bien choisi, presque toujours il sera possible de prolonger les rigoles de manière à recueillir toute la quantité d'eau convenable, sans augmenter de beaucoup la dépense de la construction d'un grand canal.

(1) Voyez l'ouvrage du général Andréossy, sur le canal du Midi.

FIN.

NOTES.

NOTE 1, pages 26, 15 et 112, relativement à la direction d'un canal latéral à la Garonne, à partir de Toulouse vers Bordeaux, et aux irrigations qui, dans le midi de la France, se trouvent toujours intimement liées aux lignes navigables.

Le projet de la continuation du canal du Midi, dirigé vers l'embouchure du Tarn, et par le chemin le plus court, entre Toulouse et Bordeaux, a été présenté en dernier lieu par MM. les ingénieurs chargés des projets de perfectionnement de la navigation de la Garonne. Ils y ont rattaché une branche dirigée sur Montauban, et ont profité de cet ensemble de canaux et des eaux que la Garonne leur fournit en abondance pour arroser les plaines où ils seraient tracés.

Les irrigations sont dans le midi de la France l'un des principaux avantages que l'on doit chercher à retirer des canaux de dérivation. Les canaux du Midi et de Narbonne servent à arroser une grande surface de terrain; on a l'intention d'en dériver un nombre encore plus grand de rigoles d'irrigation. Les canaux de Beaucaire et d'Arles à Bouc ont la double fonction d'arroser ou de dessécher, suivant les saisons et la hauteur relative de leurs eaux et de celles des marais qu'ils traversent. Dans le projet de canal latéral au Rhône, on avait proposé des irrigations. La Lombardie et le Piémont sont sillonnés de canaux d'arrosement. Une grande quantité de dérivations semblables sont exécutées ou projetées en Provence, et la valeur de l'eau pour cet emploi y est telle, que M. Brisson, page 112, propose de la réserver entièrement pour les arrosements, en substituant dans cette partie de la France des chemins de fer à plusieurs lignes navigables.

(*Note de l'éditeur.*)

NOTE 2, pour la fin de la page 75, *après* le canal de la Creuse.

M. Brisson, dans son dernier voyage, recueillait des renseignements sur les canaux proposés dans le présent ouvrage, et sur d'autres communications qui lui étaient indiquées comme utiles.

Il paraît que pour le Berry il se confirmait dans l'idée qu'il avait énoncée en divers endroits de son Mémoire; c'est que, pour plusieurs communications secondaires, des *chemins de fer* conviendraient mieux que des canaux, à raison de la raideur des pentes et du faible volume des ruisseaux. La forme et la déclivité des coteaux bordant des cours d'eau, déterminées par la nature *géologique* du terrain, lui parurent devoir souvent avoir la principale influence, soit sur le choix entre un canal et un *chemin de fer*, soit sur le tracé d'une communication de ce dernier genre. Par exemple, pour des ruisseaux dont le lit, creusé dans des rochers granitiques, présente des bords à pic et des coudes aigus et brusques, il pensait que le mieux est généralement de monter le plus tôt possible sur le plateau qui domine le vallon, pour y développer les courbes adoucies nécessaires aux *chemins de fer*.

A Montluçon, on l'entretint de la communication désirée par la province, entre le canal du Cher et la Dordogne supérieure, par le Cher, la Tardes et le Chavanoux; MM. les ingénieurs s'occupent de ce projet. En supposant que le canal de la Creuse à la ligne de première classe n° 11, passant par la Roche et Vernugeot, et décrit page 75, fût adopté, il est probable, d'après la théorie posée par M. Brisson, que le point où le canal de la Tardes devrait se rattacher au précédent, serait vers Saint-Avit, où le faîte, entre la Tardes et la Roseille, doit être fort déprimé. Il est à croire que pour cette communication, comme l'a proposé M. Brisson pour celle de la Creuse et de la Roseille, il conviendrait mieux d'adopter un chemin de fer.

On lui rappela aussi le besoin d'un débouché pour la manufacture de glaces de Commentry, vers le canal du Cher à Montluçon. Il parcourut le petit ruisseau de l'Amaron, qui se jette dans le Cher, près de cette dernière ville, et d'où il faudrait franchir le faîte qui le sépare du ruisseau de la Banne; un chemin de fer lui sembla devoir s'adapter aux localités beaucoup plus facilement qu'un canal.

Cette manufacture aurait un embranchement facile par la vallée de l'OEil, sur la ligne de navigation secondaire projetée entre le canal de Berry et le canal de Bordeaux à la Haute-Loire, n° 11, page 72 du Mémoire.

(*Note de l'Éditeur.*)

Note 3, page 131.

On peut se rendre compte, ainsi qu'il suit, des résultats indiqués dans le Mémoire.

La durée moyenne de l'exécution d'un canal est supposée de six ans. Tous ces ouvrages n'étant pas égaux, cela signifie que dans cet intervalle on pourra mener à fin, soit un seul canal, soit plusieurs canaux plus petits, soit des portions de canaux plus étendus. Le temps nécessaire pour exécuter tout le système projeté étant soixante ans, différentes portions de canaux seront successivement livrées les sixième, septième, huitième....... soixantième années, ou en cinquante-cinq fois. Comme on suppose les parties terminées tous les ans égales, chacune d'elles est le cinquante-cinquième du total 1,284,000,000 fr., ou 23,345,454 fr. 55 c. Pour celle de ces parties qui doit être terminée la sixième année, les compagnies exécutantes devront avancer pendant chacune des six premières années le sixième de la somme précédente, ou 3,890,909 fr. 09 c.; mais la deuxième année, il faut en outre commencer les avances de la partie de canaux à terminer à la fin de la septième année. En continuant ainsi, on concevra que les sommes avancées annuellement par les capitalistes suivront la loi exprimée dans la deuxième colonne du tableau suivant.

Quant à la part contributive du gouvernement, M. Brisson a proposé qu'elle fût acquittée en suppléments de revenus payés par portions égales pendant vingt-cinq ans après l'ouverture d'un canal, ou des portions de canaux livrées au commerce en même temps; il a voulu aussi que ces vingt-cinq paiements périodiques fussent équivalents au sixième du total, si l'on payait ce sixième immédiatement après l'ouverture des portions de canaux dont il s'agit.

Ainsi pour celles qui sont livrées au commerce à la fin de la sixième année, et qui sont supposées, comme toutes les autres qu'on ouvre successivement à la navigation, avoir coûté 23,345,454 fr. 55 c., il s'agit de chercher la somme qui, payée vingt-cinq fois au bout des septième, huitième...... trente-unième années, équivaudrait à 3,890,909 fr. 09 c. soldés à la fin de la sixième.

Nommons A cette dernière somme, et x celle qu'on doit payer tous les ans; A peut être considéré comme divisé en vingt-cinq parties a', a'',..... a^{25}, respectivement équivalentes (comme étant données immédiatement) aux paiements à faire de x au bout de un, deux..... vingt-cinq ans. Or, on a, comme on sait, les équations suivantes, en nommant t l'unité, plus l'intérêt annuel que nous supposerons de 5 pour $\frac{0}{0}$:

$$a' \, t = x,$$
$$a'' \, t^2 = x,$$
$$a''' \, t^3 = x,$$
$$\cdots\cdots$$
$$a^{25} \, t^{25} = x.$$

Multipliant la première par t^{24}, la deuxième par t^{23}, et ainsi de suite, on obtient :

$$A t^{25} = x(t^{24} + t^{23} + \ldots\ldots + t + 1) = x\left[\frac{t^{25} - 1}{t - 1}\right];$$

ou

$$A.(t^{26} - t^{25}) = x(t^{25} - 1);$$

ce qui donne :

$$x = 276{,}074 \text{ fr.}$$

L'État aurait à payer cette somme pendant vingt-cinq ans, à partir de la septième, pour les canaux achevés au bout de la sixième; pareille somme pendant vingt-cinq ans, à partir de la huitième, pour ceux terminés au bout de la septième, etc.; en continuant de la même manière, on formera facilement la troisième colonne du tableau suivant :

NUMÉROS des années.	SOMMES A AVANCER par les compagnies exécutantes.	PART contributive de l'État.	INDICATION DES CANAUX auxquels ces parts se rapportent.	OBSERVATIONS.
1	3,890,909 f. 09 c.			
2	7,781,818 18			
3	11,672,727 27			
4	15,563,636 36			
5	19,454,545 45			
6	23,345,454 55			
7	*Idem.*	276,074 f.	pour les canaux terminés la 6e année.	Vingt-quatre années, pendant lesquelles la part de l'État va en croissant.
8	*Idem.*	552,148	— les 6e, 7e	
9	*Idem.*	828,222	— les 6e, 7e, 8e	
...	....	......	....	
29	*Idem.*	6,349,702	— les 6e, 7e, 28e	
30	*Idem.*	6,625,776	— les 6e, 7e, 29e	
31	*Idem.*	6,901,850	— les 6e, 7e, 30e	Trente-une années, pendant lesquelles elle est au maximum et constante.
32	*Idem.*	*Idem.*	— les 7e, 8e, 31e	
...	....	......	....	
37	*Idem.*	*Idem.*	— les 12e, 13e, 36e	
...	....	......	....	
54	*Idem.*	*Idem.*	— les 29e, 30e, 53e	
55	*Idem.*	*Idem.*	— les 30e, 31e, 54e	
56	19,454,545 45	*Idem.*	— les 31e, 32e, 55e	
57	15,563,636 36	*Idem.*	— les 32e, 33e, 56e	
58	11,672,727 27	*Idem.*	— les 33e, 34e, 57e	
59	7,781,818 18	*Idem.*	— les 34e, 35e, 58e	
60	3,890,909 09	*Idem.*	— les 35e, 36e, 59e	
61	0	*Idem.*	— les 36e, 37e, 60e	
62	0	6,625,776	— les 37e, 60e	Vingt-quatre années, pendant lesquelles elle diminue.
63	0	6,349,702	— les 38e, 60e	
...	....	......	....	
85	0	276,074	— la 60e	

(*Note de l'éditeur.*)

Note 4, page 143.

L'un de ces cas moins importants est celui où la courbe B étant convexe et la courbe B' concave, les deux courbes A et A' sont à inflexion horizontale. On peut voir en faisant des figures que les branches ascendantes de ces dernières courbes peuvent être dirigées vers B ou B'; considérons ce dernier cas : de ce côté, entre A et A', est un thalweg, descendant vers l'endroit où se croisent les quatre courbes; du côté opposé, il existe entre ces deux courbes un faîte descendant, qui sépare deux thalwegs divergents, à partir du même point. C'est un cas particulier de la bifurcation d'un thalweg descendant en deux autres thalwegs, de la division d'un cours d'eau en deux bras.

Ce cas, qui présente une inflexion de la surface du terrain, sur la ligne droite entre les courbes B et B', est d'une extrême rareté. Le cas moins rare, mais encore d'exception, auquel il se rattache, est celui que présente le texte, lorsque A et A' étant toutes deux concaves, B et B' sont l'une convexe et l'autre concave. On peut voir qu'entre A et A' il y a du côté de B' un thalweg descendant vers le lieu de croisement des quatre courbes, et du côté opposé, un faîte montant, à partir du même endroit; que de chaque côté de ce faîte sont deux thalwegs descendants, tangents à la ligne entre B et B', où la surface s'infléchit; ces thalwegs dérivés sont perpendiculaires sur le thalweg placé entre A et A', du côté de B'.

Il est très remarquable que ce cas, qui se rapporte à la division d'un cours d'eau en deux bras à la tête d'une île (analogue à la réunion de deux faîtes descendant en un seul qui continue à descendre), est exceptionnel, d'après les lois géométriques d'une surface continue à sinuosités alternatives, et par conséquent que ce cas est rare; et que ces lois indiquent d'avance, par l'insertion perpendiculaire des deux thalwegs dérivés sur le thalweg primitif, la difficulté que la division d'un courant doit opposer au libre écoulement des eaux.

(*Note de l'éditeur.*)

FIN DES NOTES.

ERRATA.

Page ij, ligne 26, *au lieu de* publié, *lisez* publiée.
— v, — 31, *au lieu de* retourné, *lisez* retournée.
— xviij, — 32, *après* ci-après, *lisez* il travailla conjointement avec M. Biot à des *Recherches sur l'intégration des équations différentielles partielles, et sur les vibrations des surfaces*, imprimées dans les Mémoires de l'Institut, tome IV, année 1803.
— 5, — 36, au lieu de *Ganthey*, lisez *Gauthey*.
— 33, *mettez en marge* : Lignes de premier ordre que l'on ajouterait si la Belgique et les départements de la rive gauche du Rhin appartenaient encore à la France.
— 41, ligne 15 *en marge*, canal de l'Oise à Beauvais, et de Beauvais à Gournay, *mettez ces mots en titre.*
— 44, — 8, *au lieu de* Fervières, *lisez* Favières.
— *id.*, — 12, *au lieu de* Morlincourt, *lisez* Merlimont.
— *id.*, — 18, *au lieu de* Daunes, *lisez* Dannes.
— 48, — 18, *au lieu de* Monnal, *lisez* Mormal.
— 59, — 36, *au lieu de* Anjou, *lisez* Aujon.
— 64, — 4, *au lieu de* Jenny, *lisez* Jeuny.
— 64, — 8 *en remontant, après* Moselle, *ajoutez :* par un souterrain de 3,000 mètres.
— 72, — 5 *en remontant*, Janzant, *lisez* Jenzant.
— 74, — 18, pente estimée à 23 mètres, *lisez* 33.
— 76, — 11, *au lieu de* Goudron, *lisez* Gourdon.
— 79, — 6, *au lieu de* 74, *lisez* 94.
— 82, — 13 et 14, *au lieu de* Avre, *lisez* Arve.
— 83, — 9, *idem.*
— 86, — 4 *en remontant*, Tourville, *lisez* Tanville.
— 87, — 5, *au lieu de* 4 kilomètres et 15 mètres, *lisez* 14 et 45.
— *id.*, — 2 *en remontant, au lieu de* Vire, *lisez* Vère.
— 104, — 14, *au lieu de* Céron, *lisez* Cérou.
— 110, — 2, *au lieu de* Chaullin, *lisez* Chaussin.
— *id.*, — 3 *en remontant, au lieu de* Varambou, *lisez* Varambon.
— 112, — 2, *au lieu de* l'exposer, *lisez* s'exposer.
— *id.*, — 8 *en remontant, au lieu de* Lamanou, *lisez* Lamanon.
— 143, — 1 *en remontant*, note 3, *lisez* note 4.
— 122, *colonne d'observations, vis-à-vis de* 6°, *mettez* idem.
— *id.*, *id.*, *vis-à-vis de* 7°, *mettez à la fin de l'observation*, Sarrealbe jusqu'à Sarrebourg.
— 126, *première observation, mettez-la vis-à-vis de :* 2° de Bordeaux à l'Adour.

TABLE DES MATIÈRES.

FIN DE LA TABLE.

AVIS

SUR LA CARTE JOINTE AU PRÉSENT OUVRAGE,

ET SUR LES SOINS QU'ON A PRIS POUR QUE LE TEXTE FUT EXACT ET COMMODE A LIRE.

M. Brisson a projeté les divers tracés qu'il propose dans son ouvrage, sur les cartes de Cassini, qu'il recommande (pag. 8) comme indispensables, si l'on veut avoir une connaissance détaillée des lignes dont on lira la description.

On a revu avec soin tous les noms de lieu sur ces cartes, et l'on recommande au lecteur de corriger d'avance les fautes qui ont encore échappé et qu'indique l'errata. La table des matières désigne les numéros des feuilles de Cassini où se trouve chaque communication, et en outre pour celles du deuxième ordre, les noms des départements où elles sont placées.

Mais l'examen tout-à-fait détaillé des lieux que parcourt une ligne navigable ne conviendra qu'à ceux qui seront spécialement intéressés à cette communication particulière. Pour le reste des lecteurs, il suffira généralement d'une carte réduite, présentant l'ensemble des canaux et des chemins de fer, dont l'inspection du tracé des cours d'eau a montré à M. Brisson la possibilité. On a figuré cet ensemble sur la carte des routes royales, dressée en 1824, par ordre de M. le directeur général; le choix de cette carte donne l'avantage de pouvoir comparer entre deux villes les voies navigables projetées, avec les communications par terre.

On peut, d'une manière moins complète qu'avec les feuilles de Cassini, mais plus circonstanciée qu'au moyen de la carte réduite jointe à l'ouvrage, se rendre compte des tracés qu'il présente: c'est en consultant les cartes des départements, même dans l'Atlas portatif de la France par départements, de Girard et Roger (Paris, 1823, chez Dondey-Dupré), ouvrage fait avec soin et présentant tout ce que permet son volume.

Échelles de diverses cartes de France:

1° Cassini, 1 ligne pour 100 toises, $\frac{1}{86400}$;

2° Atlas national de France, $\frac{1}{270000}$, ou $\frac{8}{25}$ de Cassini;

3° Carte hydrographique dressée par ordre de M. le directeur général, $\frac{1}{500000}$;

4° Carte routière dressée par ordre de M. le directeur général, $\frac{1}{864000}$, ou $\frac{1}{10}$ de Cassini ;

5° Carte hydrographique de Dupain-Triel, $\frac{1}{1080000}$, ou $\frac{2}{25}$ de Cassini ;

6° Atlas de Girard et Roger, $\frac{1}{1333333}$ à $\frac{1}{888889}$;

7° Carte réduite jointe au présent ouvrage, $\frac{1}{1904762}$.

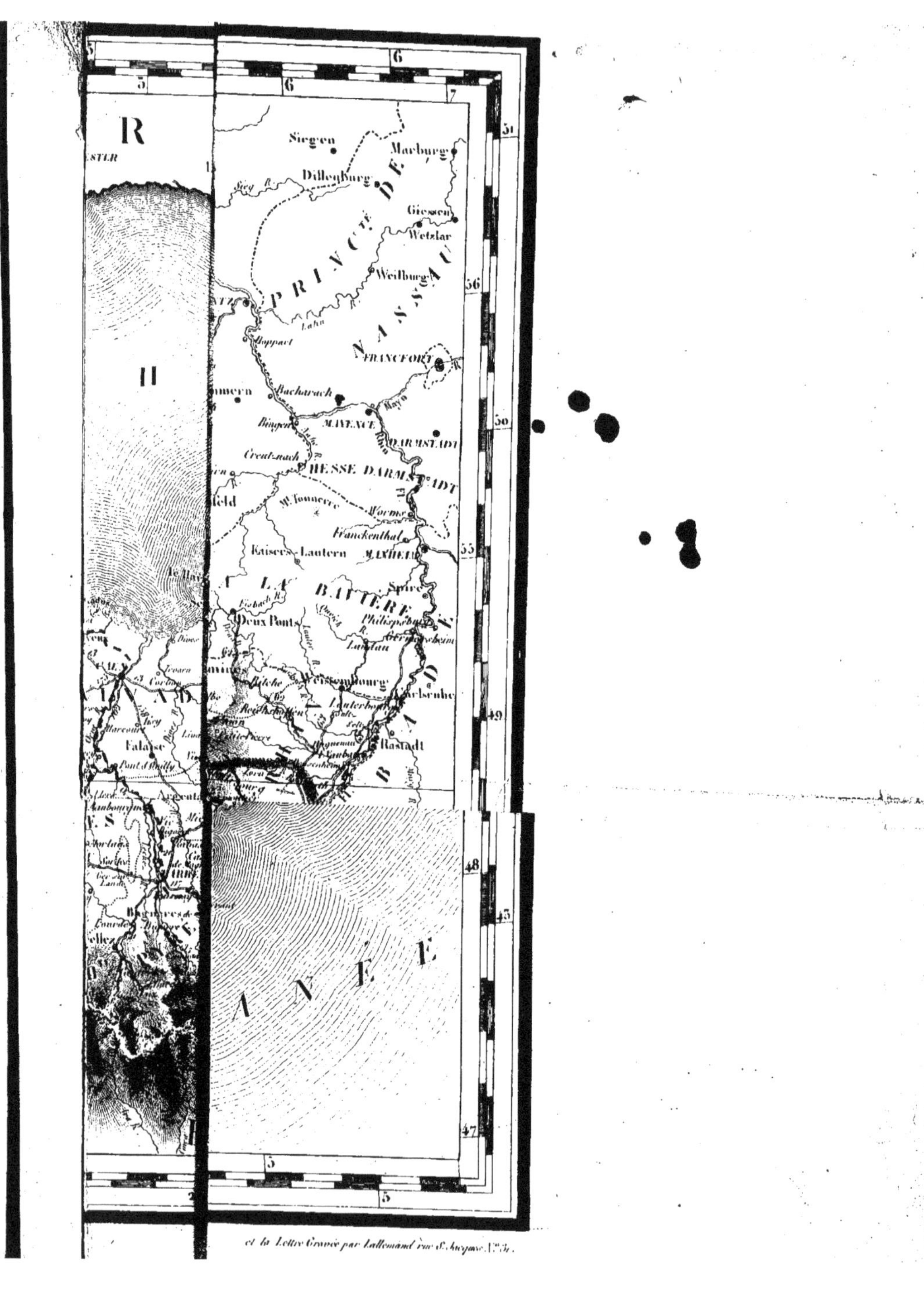
R
Siegen
Marburg
Dillenburg
Giessen
Wetzlar
Weilburg
PRINCE DE NASSAU
Lahn R.
Hoppart
FRANCFORT
Bacharach
Bingen
MAYENCE
DARMSTADT
Creutznach
HESSE DARMSTADT
Mt Tonnerre
Worms
Franckenthal
Kaisers-Lautern
MANHEIM
LA BAVIERE
Spire
Deux Ponts
Philipsbourg
Germersheim
Landau
Bitche
Weissembourg
Lauterbourg
Reichshoffen
Haguenau
Rastadt
Harcourt
Falaise
Pont d'Ouilly
Bagnères
Lourdes
H
A N É E
et la Lettre Gravée par Lallemand

www.ingramcontent.com/pod-product-compliance
Ingram Content Group UK Ltd.
Pitfield, Milton Keynes, MK11 3LW, UK
UKHW020458200726
13857UKWH00002B/757